JN039030

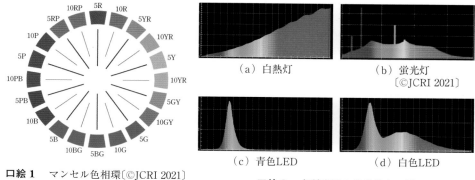

（a）白熱灯 （b）蛍光灯
〔©JCRI 2021〕

（c）青色LED （d）白色LED

口絵 1 マンセル色相環〔©JCRI 2021〕
（本文 25 ページ，図 2.2（c））

口絵 2 各種光源の分光分布の例
（本文 27 ページ，図 2.3）

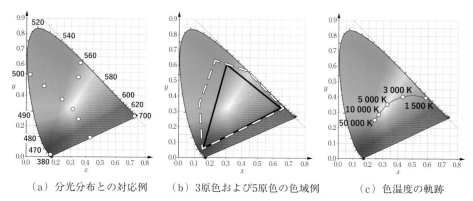

（a）分光分布との対応例 （b）3原色および5原色の色域例 （c）色温度の軌跡

口絵 3 xy 色度図（本文 30 ページ，図 2.5）

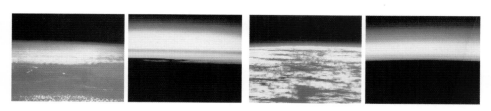

（a）宇宙船からの実写撮影画像 （b）レンダリング結果

口絵 4 宇宙からの撮影画像と大気の散乱を考慮したレンダリング例との比較
〔提供：西田友是（プロメテック CG リサーチ）〕（本文 85 ページ，図 3.13）

（a）表面下散乱なし　　（b）表面下散乱あり　　（c）最終作品

口絵 5　顔の実時間レンダリング結果の例〔提供：シリコンスタジオ株式会社
©Silicon Studio Corp., all rights reserved.〕（本文 87 ページ，図 3.15）

    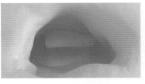

（a）0.1 m　　（b）1 m　　（c）10 m　　（d）100 m

口絵 6　純氷のウサギモデルの幅による吸水特性の違い
（本文 88 ページ，図 3.17）

口絵 7　純氷の洞窟モデル
（レンダリング結果）（本文
88 ページ，図 3.18（a））

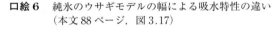

（a）昼の太陽の位置による結果　　　　　　（b）夕方の太陽の位置による結果

口絵 8　一様でない散乱特性を持つ関与媒質を含む空間の経路追跡法による描画結果例
〔提供：東京大学大学院 旧西田友是研究室〕（本文 94 ページ，図 3.22）

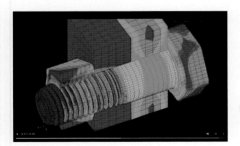

口絵 9　有限要素法の例（ボルトとナットによる締め
付け）〔提供：JFE テクノリサーチ株式会社〕
（本文 110 ページ，図 3.32（b））

メディア学大系

17

メディアのための
物　理
コンテンツ制作に
使える理論と実践

大淵　康成
柿本　正憲
椿　　郁子
共著
▼

コロナ社

「メディア学大系」刊行に寄せて

　ラテン語の"メディア（中間・仲立ち）"という言葉は，16世紀後期の社会で使われ始め，20世紀前期には人間のコミュニケーションを助ける新聞・雑誌・ラジオ・テレビが代表する"マスメディア"を意味するようになった。また，20世紀後期の情報通信技術の著しい発展によってメディアは社会変革の原動力に不可欠な存在までに押し上げられた。著名なメディア論者マーシャル・マクルーハンは彼の著書『メディア論―人間の拡張の諸相』（栗原・河本訳，みすず書房，1987年）のなかで，"メディアは人間の外部環境のすべてで，人間拡張の技術であり，われわれのすみからすみまで変えてしまう。人類の歴史はメディアの交替の歴史ともいえ，メディアの作用に関する知識なしには，社会と文化の変動を理解することはできない"と示唆している。

　このように未来社会におけるメディアの発展とその重要な役割は多くの学者が指摘するところであるが，大学教育の対象としての「メディア学」の体系化は進んでいない。東京工科大学は理工系の大学であるが，その特色を活かしてメディア学の一端を学部レベルで教育・研究する学部を創設することを検討し，1999年4月世に先駆けて「メディア学部」を開設した。ここでいう，メディアとは「人間の意思や感情の創出・表現・認識・知覚・理解・記憶・伝達・利用といった人間の知的コミュニケーションの基本的な機能を支援し，助長する媒体あるいは手段」と広義にとらえている。このような多様かつ進化する高度な学術対象を取り扱うためには，従来の個別学問だけで対応することは困難で，諸学問横断的なアプローチが必須と考え，学部内に専門的な科目群（コア）を設けた。その一つ目はメディアの高度な機能と未来のメディアを開拓するための工学的な領域「メディア技術コア」，二つ目は意思・感情の豊かな表現力と秘められた発想力の発掘を目指す芸術学的な領域「メディア表現コ

ア」，三つ目は新しい社会メディアシステムの開発ならびに健全で快適な社会の創造に寄与する人文社会学的な領域「メディア環境コア」である。

　「文・理・芸」融合のメディア学部は創立から 13 年の間，メディア学の体系化に試行錯誤の連続であったが，その経験を通して，メディア学は 21 世紀の学術・産業・社会・生活のあらゆる面に計り知れない大きなインパクトを与え，学問分野でも重要な位置を占めることを知った。また，メディアに関する学術的な基礎を確立する見通しもつき，歴年の願いであった「メディア学大系」の教科書シリーズ全 10 巻を刊行することになった。

　2016 年，メディア学の普及と進歩は目覚ましく，「メディア学大系」もさらに増強が必要になった。この度，視聴覚情報の新たな取り扱いの進歩に対応するため，さらに 5 巻を刊行することにした。

　2017 年に至り，メディアの高度化に伴い，それを支える基礎学問の充実が必要になった。そこで，数学，物理，アルゴリズム，データ解析の分野において，メディア学全体の基礎となる教科書 4 巻を刊行することにした。メディア学に直結した視点で執筆し，理解しやすいように心がけている。また，発展を続けるメディア分野に対応するため，さらに「メディア学大系」を充実させることを計画している。

　この「メディア学大系」の教科書シリーズは，特にメディア技術・メディア芸術・メディア環境に興味をもつ学生には基礎的な教科書になり，メディアエキスパートを志す諸氏には本格的なメディア学への橋渡しの役割を果たすと確信している。この教科書シリーズを通して「メディア学」という新しい学問の台頭を感じとっていただければ幸いである。

　2020 年 1 月

東京工科大学
　メディア学部　初代学部長
　前学長

相磯秀夫

「メディア学大系」の使い方

　メディア学は，工学・社会科学・芸術などの幅広い分野を包摂する学問である。これらの分野を，情報技術を用いた人から人への情報伝達という観点で横断的に捉えることで，メディア学という学問の独自性が生まれる。「メディア学大系」では，こうしたメディア学の視座を保ちつつ，各分野の特徴に応じた分冊を提供している。

　第1巻『改訂メディア学入門』では，技術・表現・環境という言葉で表されるメディアの特徴から，メディア学の全体像を概観し，さらなる学びへの道筋を示している。

　第2巻『CGとゲームの技術』，第3巻『コンテンツクリエーション』は，ゲームやアニメ，CGなどのコンテンツの創作分野に関連した内容となっている。

　第4巻『マルチモーダルインタラクション』，第5巻『人とコンピュータの関わり』は，インタラクティブな情報伝達の仕組みを扱う分野である。

　第6巻『教育メディア』，第7巻『コミュニティメディア』は，社会におけるメディアの役割と，その活用方法について解説している。

　第8巻『ICTビジネス』，第9巻『ミュージックメディア』は，産業におけるメディア活用に着目し，経済的な視点も加えたメディア論である。

　第10巻『メディアICT（改訂版）』は，ここまでに紹介した各分野を扱う際に必要となるICT技術を整理し，情報科学とネットワークに関する基本的なリテラシーを身に付けるための内容を網羅している。

　第2期の第11巻〜第15巻は，メディア学で扱う情報伝達手段の中でも，視聴覚に関わるものに重点を置き，さらに具体的な内容に踏み込んで書かれている。

　第11巻『CGによるシミュレーションと可視化』，第12巻『CG数理の基礎』

では，視覚メディアとしてのコンピュータグラフィックスについて，より詳しく学ぶことができる。

第 13 巻『音声音響インタフェース実践』は，聴覚メディアとしての音の処理技術について，応用にまで踏み込んだ内容となっている。

第 14 巻『クリエイターのための 映像表現技法』，第 15 巻『視聴覚メディア』では，視覚と聴覚とを統合的に扱いながら，効果的な情報伝達についての解説を行う。

第 3 期の第 16 巻〜第 19 巻は，メディア学を学ぶうえでの道具となる学問について，必要十分な内容をまとめている。

第 16 巻『メディアのための数学』，第 17 巻『メディアのための物理』は，文系の学生でもこれだけは知っておいて欲しいという内容を整理したものである。

第 18 巻『メディアのためのアルゴリズム』，第 19 巻『メディアのためのデータ解析』では，情報工学の基本的な内容を，メディア学での活用という観点で解説する。

各巻の構成内容は，大学における講義 2 単位に相当する学習を想定して書かれている。各章の内容を身に付けた後には，演習問題を通じて学修成果を確認し，参考文献を活用してさらに高度な内容の学習へと進んでもらいたい。

メディア学の分野は日進月歩で，毎日のように新しい技術が話題となっている。しかし，それらの技術が長年の学問的蓄積のうえに成立しているということも忘れてはいけない。「メディア学大系」では，そうした蓄積を丁寧に描きながら，最新の成果も取り込んでいくことを目指している。そのため，各分野の基礎的内容についての教育経験を持ち，なおかつ最新の技術動向についても把握している第一線の執筆者を選び，執筆をお願いした。本シリーズが，メディア学を志す人たちにとっての学びの出発点となることを期待するものである。

2022 年 1 月

柿本正憲

大淵康成

まえがき

　メディアの中の世界は，現実世界から自由であると同時に，束縛も受けている。人間が宙に浮くアニメや，エネルギーが無尽蔵に作られるゲームを作るのは作者の自由だが，そこには「非現実的だ」という批判がつねに伴う。なにが現実的で，なにが非現実的であるかを知るためには，現実世界を説明する理論を知っておく必要がある。そして，そのような理論こそが物理学である。

　本書は，メディアコンテンツの制作に携わる人が，前提として身に付けておくべき物理学の基礎をまとめた教科書である。リアルなコンテンツを作ろうとする人には，直接的な制作技術ガイドとして役立つだろう。物理的に正しいコンテンツを作る最も簡単な方法は，現実を表面的に観察して真似ることではなく，その背景にある理論に従って物や人を動かすことである。一方，ありえない世界を描くコンテンツを作る人には，現実世界をリアルに描くこととの対比において，非現実的なアイディアがより輝くということを知ってほしい。いずれの場合にも，物理学の知識は必ずや制作物のクオリティを上げることに役立つはずである。

　1章は，メディアのすべての分野に共通する物理学の基礎のまとめである。高校で習っているはずの内容も多く含まれるが，前提知識としてしっかりと身に付けてほしい。

　2章では，画像処理に関わる物理を扱う。マルチメディアという言葉が当たり前の時代にあっても，画像情報は依然としてメディア処理の中心であり，カメラやディスプレイの背景にある物理法則を知ることはきわめて有用である。

　3章は，コンピュータグラフィクス（CG）に関連する章である。物がどのように見えるかをシミュレートするためには，気体や液体を含む物体がどのように運動し，それがどのような光との反応を経てわれわれの目に入るかを知る

ことが重要である。

4章は，音に関する物理の章である。音は，ともすると直感的な鑑賞の対象となってしまいがちであるが，波としての性質を理解することにより，さまざまな音の加工が系統的に行えるようになるはずである。

5章では，ゲームとバーチャルリアリティ（VR）に特化した内容を扱う。ゲームや VR で描かれる世界の中では，さまざまな物の複雑な運動をリアルタイムで描く必要がある。そのために必要となるさまざまな運動法則について本章で解説する。

6章は少し趣向を変えて，視聴覚に直接訴える内容というよりは，作品のストーリーを支える物理法則について述べることにした。物理学としてはやや難しい内容も含まれるが，ストーリー設定にリアリティを与えるための知識として読んでほしい。

本書は，1，4，6章を大淵が，2章（2.1〜2.2節）と3章を柿本が，2章（2.3〜2.5節）と5章を椿が担当した。1章以外はそれぞれ独立した内容になっており，どの章から読んでも構わない。本書が，より豊かなメディアコンテンツの制作のための一助となれば幸いである。

2022年2月

著者を代表して　大淵康成

目　　　　次

3章　CG のための物理

4章　音響処理のための物理

5章　ゲームと VR のための物理

6章　作品世界の中の物理

1章 物理の基礎

◆ 本章のテーマ

　本書で扱うさまざまな項目を理解するための前提となる，物理の基礎を概観する。はじめに，物体の運動を理解するための力学について学ぶ。つぎに，メディア学に欠かせない光と音の振舞いを理解するため，波についての基本を学ぶ。さらに，あらゆる電気機器の動作原理の基本となる，電磁気学についても学ぶ。本章の内容は，2章以降の内容を理解していくための基本となるものであり，確実に身に付けておくことが求められる。

◆ 本章の構成（キーワード）

1.1　さまざまな運動
　　　運動方程式，力，エネルギー
1.2　波
　　　波長，周波数，反射
1.3　電磁気学
　　　クーロン力，電流，電磁誘導

◆ 本章を学ぶと以下の内容をマスターできます

☞　力を受けた物体の振舞い
☞　力とエネルギーの関係
☞　光と音に共通する波としての性質
☞　電気と磁気の基本的な関係

1.1　さまざまな運動

1.1.1　力　と　運　動

　物理学の歴史を紐解くとき，ガリレオ・ガリレイによるピサの斜塔からの落下実験[1],[†1]の意味はきわめて大きい。この実験では，**図1.1**のように，高い塔の上から同じ大きさで重さが異なる二つの球体を落下させたとき，二つとも同時に地面に落ちることが示された[†2]。実験そのものは後世の創作だという説もあるが，この時代に，物の落下という現象を通じて，身の回りの現象を数理的に記述するという考え方が広まったことの象徴と言ってもよい。

図1.1　ガリレオ・ガリレイの
落下実験

　それまで多くの人たちは，なんとなく「重い物ほど速く落ちる」と思っていた。重い物ほど強い力で地面のほうに引っ張られていることは日常的に実感できるので，これは自然な感覚である。しかしこの実験で示されたのは，重い物も軽い物も同じ速さで落ちるという結果であった。これを説明するためには，重い物ほど動かすためには強い力がいる，という原理を導入すればよい。つまり，重さ（厳密には質量）が2倍になると，重力は2倍になるが，動かすために必要な力も2倍になるので，速さは変わらないというわけである。

　落下実験では，もう一つ重要な事実が見つかるはずである。それは，塔の高

---

†1　肩付き数字は巻末の引用・参考文献を示す。
†2　ただし，空気中で実験を行う場合，空気抵抗の影響が無視できない精度で測定を行うと，同時にはならないことに注意が必要である。真空中で実験を行えば，精度を上げても差は生じない。1971年に月面に着陸したアポロ15号からの中継では，真空中で羽とハンマーが同じ速さで落下する実験の様子が示された。

さを2倍にしても，落下時間は2倍ではなく$\sqrt{2}$倍（約1.4倍）にしかならないということである。これを説明するためには，**等速度直線運動**（uniform linear motion）と**等加速度直線運動**（uniformly accelerated linear motion）という二つの概念を理解する必要がある。

　物体が特定の方向に一定の速度で移動するとき，速度と時間，距離の関係は，以下の式（1.1）で表される。

$$x = vt \tag{1.1}$$

ただし，xは距離，vは速度，tは時間である。この式で，vの値は変化せず，tが大きくなるとともにxも大きくなるような運動を**等速度直線運動**と呼ぶ。これに対し，vが一定ではなく，時間とともに変化するとどうなるだろうか。実験開始時には物体は止まっており，そこから一定の割合で徐々に加速していくとすると，その様子は

$$v = at \tag{1.2}$$

という式で表される。ここでaは**加速度**と呼ばれる。このような運動を**等加速度直線運動**と呼ぶ。このとき，式（1.2）のvは時間とともに変化するので，式（1.1）にそのまま代入することはできない。

　等加速度直線運動で移動した場合の距離を求めるには，**図1.2**をもとに，以下のように考える。

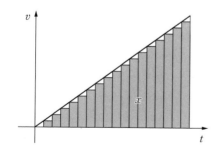

図1.2　等加速度直線運動における
　　　　時間・速度・距離の関係

　まず，最初は速度0なので距離も0である。1秒後に速度がaとなり，それで1秒間進むと距離はaである。2秒後には速度が$2a$となり，それで1秒間進むと距離は$2a$である。静止している物体に力が加わった場合，いきなり高

速で動き出すのではなく，このように少しずつ速度が上がっていく†。このことから，t秒後までに進む距離は

$$a + 2a + 3a + \cdots + (t-1)a = \frac{at(t-1)}{2} \tag{1.3}$$

となる。ただし，1秒間の間にも速度は変わっているので，これは正確な値とは言えず，厳密さを求めるためにはもっと短い時間刻みで考える必要がある。図1.2では，一つひとつの縦長の長方形が，1秒間の移動の様子を示しており，これらの面積の総和が移動距離となる。時間の刻みを小さくすると，この長方形がどんどん細くなり，全体で一つの三角形を描くようになる。そのときの面積を求めれば

$$x = \frac{1}{2}at^2 \tag{1.4}$$

というのが正確な式であることがわかるだろう。

　落下実験に戻ると，2倍の距離を落ちるのに掛かる時間が$\sqrt{2}$倍というのは，まさに式（1.4）のxとtの関係に対応している。このことから，物体の落下は等加速度直線運動であるということがわかる。こうした運動の性質をもとに，ニュートンは以下のような**運動の法則**（law of motion）を導き出した。

（1）　外から力が加わらないとき，物体は等速度直線運動を続ける（**ニュートンの第1法則**）。

（2）　外から力が加わると，力の大きさに比例した加速度が，力の向きに生じる（**ニュートンの第2法則**）。

（3）　物体Aから物体Bに力が働くとき，物体Bから物体Aに同じ大きさで逆向きの力が働く（**ニュートンの第3法則**）。

第3法則は，これまでの説明からは導き出せない別の法則だが，この後の議論で重要となるので併記しておく。

---

†　筆者はスキーが好きなのだが，初心者と一緒に滑るときに「斜面のまっすぐ真下方向を向いたからといって，すぐに高速になるわけではなく，少しずつ加速していくのだから，その間に曲がれば大丈夫ですよ」と教えても，ほとんどの人は怖がって真下を向けない。現代においても，人間の直感はガリレオの時代と変わっていない。

1.1.2　運動方程式

ニュートンの第2法則は、そのまま式にして書くことができる。物体の加速度を $\mathbf{a}$、物体に掛かる力を $\mathbf{F}$、物体の質量を m とすると

$$\mathbf{F} = m\mathbf{a} \tag{1.5}$$

というのが、ニュートンの運動方程式である[†]。ここで、力と加速度の比例定数が**質量**（mass）m となるのは、前項の落下実験のところで示したとおりであり、重力が質量に比例することと打ち消し合って、重い物も軽い物も同じ速度で落下することにつながる。なお、式 (1.5) はベクトルの形で書かれており、直線上の運動だけでなく、空間中でさまざまな方向を持つ運動についても用いることができる。この式は、ニュートンの第2法則を数式に直したものであるが、この式で力 $\mathbf{F}$ を0にすれば、加速度も0となって速度が変わらず、ニュートンの第1法則が自動的に成り立つことがわかるだろう。なお、式 (1.5) の右辺の単位は、質量〔kg〕と加速度〔m/s^2〕の積となることから、力を表す単位として N（ニュートン）が定められた。1N は 1kg·m/s^2 である。

式 (1.5) はベクトルの式だが、x 方向に働く力と y 方向に働く力を別々に記述できる場合には、x 成分の運動と y 成分の運動を別々に求めることができる。例えば、水平方向には力が掛からず等速直線運動し、垂直方向には重力が働いて等加速度直線運動をする場合、全体としては放物線を描いて動くように見える。

一方、時間とともに力の方向が変わる場合もある。典型的な例として、中心にひもで結び付けられた物体が**円運動**（circular motion）をする例を考えてみよう（図 1.3）。時刻0における速度が $\mathbf{v}_0$ で、その Δt 秒後に $\mathbf{v}_1$ になったとする。このとき、$\mathbf{v}_0$ と $\mathbf{v}_1$ の大きさが同じだとしても、向きが違っていれば等速度運動とは呼べない。ここで、$\mathbf{v}_0$ から $\mathbf{v}_1$ への変化を、ベクトルの始点が重なるように書き直すと右の図となるが、このベクトルの変化量が $\mathbf{F}\Delta t$ になるというのが、運動方程式によって示されることである。

[†] 以下、本書では太字で示された変数はベクトルを表すこととする。

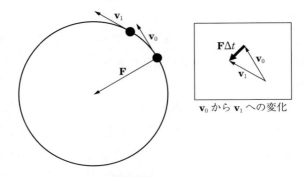

図 1.3 円運動における速度変化

　円運動に限らず，時間とともに力の向きや方向が変わる場合には，等加速度直線運動よりも複雑な運動を考えなければならない。その場合，式（1.2）は成り立たず，代わりに

$$v = \frac{\mathrm{d}x}{\mathrm{d}t} \tag{1.6}$$

$$a = \frac{\mathrm{d}v}{\mathrm{d}t} \tag{1.7}$$

という微分形式での定義に基づいて運動の様子を解析していくことになる。

1.1.3　力積と運動量

　運動方程式は，変化の様子を記述する方程式なので，時間を追って現象をつぶさに見ていく場合には強力である。質量 1 kg の物体が **F** という力を 1 秒間受けると速度が **F** だけ増えるし，2 秒間だと 2**F** だけ増える。このように，一定の力であっても作用時間が長いほど影響が強くなるので，力と時間の積というのが重要になる。そこで

$$\mathbf{I} = \mathbf{F}\Delta t \tag{1.8}$$

で定義される量 **I** を **力積**（impulse）と呼ぶことにしよう。時間とともに力が変わる場合には

$$\mathbf{I} = \int_{t_1}^{t_2} \mathbf{F} dt \tag{1.9}$$

と定義する。

　一方，途中の経緯はスキップして，力が働く前と後だけに注目したらどうだろうか。その場合，力によって速度がどれぐらい変わったかが重要なのだが，同じ速度変化であっても，重い（質量が大きい）物体をそれだけ変化させる力と，軽い（質量が小さい）物体をそれだけ変化させる力とは違っているはずである。そこで，速度と質量で定義される

$$\mathbf{p} = m\mathbf{v} \tag{1.10}$$

を**運動量**（momentum）と呼ぶことにする。イメージとしては，物体が動いている勢いの強さのようなものだと思うとよいだろう[†]。

　このようにして力積と運動量を定義したが，この二つには以下の関係がある。

$$\mathbf{p}' - \mathbf{p} = \mathbf{I} \tag{1.11}$$

$\mathbf{p}$ は力が働く前の運動量，$\mathbf{p}'$ は力が働いた後の運動量である。これを言葉で表すと，「運動量の変化は力積に等しい」となる。また，運動量と力積の定義に従って，この式を以下のように書き変えてもよい。

$$m\mathbf{v}' - m\mathbf{v} = \mathbf{F}\Delta t \tag{1.12}$$

ただし $\mathbf{v}$ は力が働く前の速度，$\mathbf{v}'$ は力が働いた後の速度である。

　さて，ここで二つの物体のAとBの間に力が働いたとしてみよう。ニュートンの第3法則より，BからAに $\mathbf{F}$ の力が働いたとすると，AからBには $-\mathbf{F}$ の力が働いている。この力が Δt 秒間継続したとすると，Aの運動量は $\mathbf{F}\Delta t$ だけ増加し，Bの運動量は $-\mathbf{F}\Delta t$ だけ増加する（$\mathbf{F}\Delta t$ だけ減少すると言ってもよい）。増える量と減る量が等しいので，AとBを合わせた全体では，運動量は増えも減りもしないことになる。このように，物体がたがいに力を及ぼしあっ

[†]　物理学で言う運動量は，ある瞬間の状態を表す量である。スポーツ中継などで「あの選手は90分間ずっと走り続けていて，すごい運動量だ」という言い方をすることがあるが，このように長時間にわたる運動の総量を運動量と呼ぶのは，物理学の定義とは異なるので注意が必要である。

たとしても，全体としての運動量の総和は変わらないことを**運動量保存則**（law of conservation of momentum）と呼ぶ。力はつねに物体と物体の間で働くものなので，運動量保存則はつねに成り立つと考えてよい。なお，運動量はベクトルなので，運動量保存則はベクトルの法則として成り立つことに注意が必要である。つまり運動量の総和は，大きさだけでなく方向も含めて保存される。

1.1.4　仕事とエネルギー

運動量はベクトルなので，向きが反対のものを足すと打ち消し合ってしまう。質量 m の物体 A を右向きに押して速度 **v** まで加速し，同じ質量の物体 B を左向きに押して速度 $-$**v** まで加速したら，全体の運動量は 0 である。それだけ働いた自分は結構疲れているのに，自分の仕事はどこへ行ってしまったのだろうか。

こうした問いに答えるために，力積とは別に**仕事**（work）という概念を導入する。

$$W = \mathbf{F}\mathbf{x} \tag{1.13}$$

仕事 W は，力 **F** に，力を掛け続けて移動させた変位 **x** を掛けたものである。このとき，**F** と **x** の両方がベクトルであることに注意する必要がある。この場合の掛け算は，ベクトル間の内積を意味する。力と変位の内積として定義される物理量を仕事と呼ぶが，仕事はスカラーである。仕事の単位は J（ジュール）で表され，1 J は 1 N·m である。また，力と変位が逆を向いていれば，仕事はマイナスの値をとるし，両者が直交している場合には 0 となる。物体 A を右向きに押し，物体 B を左向きに押した場合，どちらも力の方向に移動しているので仕事はプラスとなり，仕事の総和もプラスとなって，これなら実感としても納得できるだろう†。

力積を与えられた物体が運動量を持つように，仕事を与えられた物体が持つものを**エネルギー**と呼ぶ。エネルギーの単位も仕事の単位と同じく J である。

---

†　ただし，重たい荷物を持ち続けていても，それを移動させない限り，仕事は 0 である。これは実感にはそぐわないかもしれない。

止まっている物体が力 F を t 秒間だけ受け続けたとすると，そのときの移動距離は $(1/2)at^2$ なので，物体が持つエネルギーは

$$E = F \times \frac{1}{2}at^2 = \frac{1}{2}ma^2t^2 = \frac{1}{2}mv^2 \tag{1.14}$$

となる。これを**運動エネルギー**（kinetic energy）と呼ぶ。ただし，m は物体の質量，v は t 秒後の物体の速度である。動いている物体の運動エネルギーは，どんな経緯を経て加速されたかによらず，m と v だけで決まる。

　もう一つ別の例として，物体に重力 $F = mg$ が働いている状況を考えてみよう。g は重力加速度（地球の表面上で約 $9.8\,\mathrm{m/s^2}$）である。この力に逆らって，人間が力 mg を加え，高さ h まで物体を持ち上げたとする。このとき人間がした仕事は，力と移動距離の積として

$$W = mgh \tag{1.15}$$

で求められる。この仕事に相当するエネルギーは物体に蓄えられるが，これを**位置エネルギー**（potential energy）と呼ぶ。

　相互作用する物体全体を見ると，運動量と同じように，エネルギーの総和も保たれている。これを**エネルギー保存則**（law of conservation of energy）と呼ぶ。力学的な現象しか起きていない場合，運動エネルギーと位置エネルギーの総和が保存される。しかし，エネルギーにはこのほかに熱エネルギーや電気エネルギーなどもあり，さまざまな現象によってエネルギーの種類が変換されることに注意が必要である。

1.1.5　万　有　引　力

　前項で出てきた $F = mg$ について少し考えてみよう。われわれは，幼い頃から「物が落ちるのは地球に引っ張られるから」と教えられ，その説明になんとなく納得している。しかし，そうした考えは，17 世紀にニュートンが「すべての物質はたがいに引き付け合っている」という説を提唱した後に受け入れられるようになったものである。それまで「物が落ちるのは，地球の中心に向かいたいという性質があるから」といった解釈で特段の問題はなかったが，一方

で，天体の運動を説明する理論の構築には多くの天文学者が悩んでいた。万有引力の法則は，身近な物の落下と天体の運動の両方を矛盾なく説明できるという点で，革新的なものであった。

万有引力の法則（law of universal gravitaion）は，以下の式（1.16）で表される。

$$F = G\frac{Mm}{r^2} \tag{1.16}$$

ここで，Fは力の大きさ，Mとmは引き付け合う二つの物体の質量，rはたがいの距離を表す。Gは万有引力定数と呼ばれ，$6.67492\times10^{-11}\,\mathrm{Nm^2/kg^2}$という値をとる。ここで，$M$に地球の質量（$5.9724\times10^{24}\,\mathrm{kg}$）を，$r$に地球の半径（赤道上で$6\,378.137\,\mathrm{km}$）を代入すると

$$F = 9.7996\,\mathrm{m} \tag{1.17}$$

となる。こうして求めた係数9.7996をg（重力加速度）とおくと，$F=mg$という式が完成する。ただし，実際に観測される重力は，地球の自転による遠心力の分だけわずかに弱くなるので，赤道上で$g=9.78\,\mathrm{N/kg}$であるとされている[1]。

最後に，万有引力の法則に基づくエネルギーを計算してみよう。重力gのもとでの位置エネルギーはmghで表されたが，これはあくまでもgが定数で表される場合の話である[2]。力が物体からの距離rによって変わる場合には，Fをrについて積分し

$$E = -G\frac{Mm}{r} \tag{1.18}$$

という式を得る。この式の値はつねに負になるが，これは，無限遠の彼方を基準として，物質をそこまで遠ざけるのにエネルギーが必要だということを表している。

---

[1] 遠心力は赤道付近ほど強く，両極で弱くなるので，重力加速度は逆に赤道付近で弱く，両極で強くなる。両極での値は赤道での値の約1.005倍である。

[2] 地球の表面から数m上昇したぐらいでは，rは0.0001％も増えないので，gを定数と見なしてもほとんど問題はない。

1.2   波

1.2.1   光 と 音

人間が外界から受け取る情報の大半は，視覚と聴覚を通じてもたらされる。視覚は光による入力であり，聴覚は音による入力である。この二つに共通していることは，波として伝搬するということである。光は電磁場の横波であり，進行方向に対して垂直な方向に電磁場が振動する。音は空気の縦波であり，進行方向と同じ方向に粗密波が振動する。

真空中での光速は，秒速約 30 万 km であり，空気中でもほぼ同じである。一方，音速はそれよりずっと遅く，0℃ の空気中で秒速約 331 m である。光は真空中でも進むことができるので，遠い星が発した光も地球まで届くが，音は真空中では伝わらない。

1.2.2   波長・周波数・速度

縄跳びの縄の片側を固定し，反対側を上下に振動させると，縄全体に振動が伝わるのがわかる（**図 1.4**）。この形は，三角関数のグラフと同じような形をしている。横方向を x，縦方向を y として式にすると

$$y = A \sin \frac{2\pi x}{\lambda} \tag{1.19}$$

と書ける。ここで 2π という係数を加えたのは，x が λ の倍数のとき，つねに y が 0 になるようにするためである。この λ のことを**波長**（wavelength）と呼ぶ。

図 1.4   縄跳びの縄を波が伝わる様子

つぎに，縄のある 1 か所に着目して，時間とともにその場所がどう動くかを観測してみよう。観測開始時に中央にあった縄が，上に行っては引き返し，下

に行っては引き返しという運動を続けるのがわかるはずである。時間を t とし
て y との関係を式にすると，こちらも三角関数になる。

$$y = A\sin(2\pi ft) \tag{1.20}$$

ここで，t が $1/f$ だけ増えるたびに sin の中身が1周して元に戻る。この $1/f$
を T と書き，**周期**（period）と呼ぶ。また，f は1秒間に何回振動を繰り返す
かを表しており，これを**周波数**（frequency）と呼ぶ[†1]。

つぎに，式（1.19）と式（1.20）を統合することを考えてみよう。x 軸上の
各点で，原点からの距離に応じてタイミングが少しずつずれながら，同じよう
に式（1.20）のような振動をすることを考えると

$$y = A\sin\left\{2\pi\left(ft - \frac{x}{\lambda}\right)\right\} \tag{1.21}$$

とすればよい[†2]。

ここで，時間も場所も異なる (t_1, x_1) と (t_2, x_2) という二つの条件で，式
（1.21）の sin の中身が同じになるのはどういうときかを考えてみよう。式で
書くと

$$2\pi\left(ft_1 - \frac{x_1}{\lambda}\right) = 2\pi\left(ft_2 - \frac{x_2}{\lambda}\right) \tag{1.22}$$

となるので，これを整理すると

$$x_2 - x_1 = -f\lambda(t_2 - t_1) \tag{1.23}$$

となる。これは，距離差が時間差の $f\lambda$ 倍であれば，同じ波形が観測されると
いうことを表しており[†3]，この比率が波の伝達の速さとなる。式で書くと

$$v = f\lambda \tag{1.24}$$

となる。

[†1]　$\omega = 2\pi f$ を角速度とか角周波数と呼び，f の代わりに使うこともある。
[†2]　厳密に言うと，右端の固定点で波が反射して戻ってくるため，この式は成り立たない。この式は，反射の影響を考えなくてよい波の式である。
[†3]　右辺にマイナスが付いているのは，音の進行方向に進んだ点には，時間的に遅れて波が伝わることを表している。

1.2.3 反射と屈折

光は物に当たると表面で**反射**（reflection）する。われわれが物を見ることができるのは，この反射のおかげである。音も物体表面で反射する。風呂場で声が反響したり，やまびこが聞こえたりするのは音の反射の効果である。一方，波の一部が物体表面を透過し，そのまま物体内部を進んでいくこともある。境界面に当たった波のうち，どれぐらいの割合が反射するのか（反射率）は，物体の素材や表面の状態などによって異なる。また，波の周波数によっても反射率は異なる。太陽光のような白色の光はさまざまな周波数成分を持ち，それらはさまざまな色に対応するが，そのうち特定の周波数の光だけが強く反射することにより，物体の表面が色を持つように見える。

空気中にも光を散乱させる微粒子が存在しており，そのため空の色はさまざまに変わる。**図 1.5** は，昼間と朝夕（朝やけ・夕やけ）とで空の色が変わる様子を表している。空を見るときは，空気中の微粒子によって散乱させられた光を見ることになるが，周波数の低い赤い光よりも周波数の高い青い光のほうが散乱されやすいため，昼間は空が青く見える。一方，朝や夕方の空を見るときは，地平線の近くから長い距離を通ってきた光を見ているため，青い光はその途中で散乱されてしまい，残った赤い光を見ることになり，空が赤くなるわけである。

（ a ） 昼間の空　　　　　　　　　　（ b ） 朝やけ・夕やけ

図 1.5 空の色が変わる様子

物体に正面から当たった光はまっすぐ反射するが，斜めから当たった光はどうなるだろうか。壁にボールをぶつけた状況を思い浮かべれば，**図 1.6**(a)の

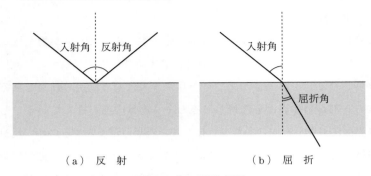

（a） 反 射   （b） 屈 折

図1.6　波の反射と屈折

ように，入射角と反射角が等しくなるように跳ね返ることは容易に予想できる
だろう。一方，物体の中に進んでいく波は，図（b）のように**屈折**（refraction）
するが，このとき入射角と屈折角は必ずしも等しくならない。

　では，屈折角の大きさはどのように決まるのだろうか。こうした波の振舞い
は，「波面のすべての点が波源となって球面波が生じ，その共通接線がつぎの
波面となる」という考え方[†]を使えば正確に記述することができるが，もっと
簡単に考えるには，**図1.7**の状況で，波面の右端と左端が競走をすると思って
みればよい。

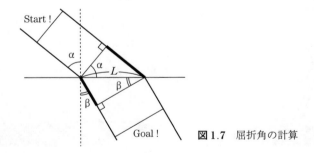

図1.7　屈折角の計算

　図の中で，太線以外のところの所用時間は等しいので，太線部分の所要時間
も等しければ，右端と左端が同時にゴールインすることになる。これを式にす
ると以下となる。

---

†　ホイヘンスの原理と呼ばれる。

$$\frac{L\sin\alpha}{v_\alpha}=\frac{L\sin\beta}{v_\beta} \qquad (1.25)$$

ただし，v_α は空気中（境界面の上側）の波の速度，v_β は物体中（境界面の下側）の波の速度である。L は共通なので消去して整理すると以下となる。

$$\frac{\sin\alpha}{\sin\beta}=\frac{v_\alpha}{v_\beta} \qquad (1.26)$$

この値を n で表し**屈折率**（refractive index）と呼ぶ。特に光の屈折を扱う場合，任意の2種類の媒体間の n を**相対屈折率**（relative refractive index）と呼ぶのに対し，入射側が真空の場合の屈折率を**絶対屈折率**（absolute refractive index）と呼ぶ。

1.3　電　磁　気　学

1.3.1　静電場とクーロンの法則

現代人の大半は，電気と関わらずには生きていけないと言っても過言ではない生活を送っている。しかし，それらはすべて人工的なものであり，自然現象と電気を結び付けるものと言えば，思い付くのはせいぜい雷ぐらいである。それでは，古代の人はどんな状況で電気を発見したのだろうか。

古代ギリシャ人が最初に電気の存在に気付いたのは，琥珀を擦るとホコリがくっつきやすくなるという現象からであった。いまで言う静電気である。電気を表す英語の electricity の語源が，琥珀を表すギリシャ語の $\eta\lambda\varepsilon\kappa\tau\rho\sigma\nu$ であることはよく知られている[2]。しかし，この電気の正体をギリシャ人が突きとめることはなく，それから長きにわたって電気とは不思議な現象であった。

17世紀末になると，ニュートンによって力学が定式化され，それに遅れて電気も科学的な探求の対象となってくる。そんな中で，クーロンは電気を帯びた物体同士の間に働く力の大きさを定式化した。いまで言う**クーロンの法則**（Coulomb's law）であり，以下の式で表される。

$$F=k\frac{Qq}{r^2} \qquad (1.27)$$

ここで，Qとqは二つの物体それぞれが持つ**電荷**（charge）の量，rは両者の間の距離，kは比例定数である[†1]。重力の場合はつねに引力として働くのに対し，電気にはプラスとマイナスがあり，プラス同士，マイナス同士の場合には斥力（遠ざけようとする力），プラスとマイナスの場合には引力として働くという違いがある。これらの力は**クーロン力**（Coulomb force）と呼ばれる。

つぎに，式（1.27）を以下のように書き換えてみよう。

$$F = q \cdot k \frac{Q}{r^2} = qE \tag{1.28}$$

この式は，質量mの物体が受ける重力がmgと表されるのに似ている。つまり，その場所が持っているEという強さがあって，電荷を持った物質は，電荷qと場の強さEとに比例する力を受けるというものである。$E = kQ/r^2$を**電場**（electric field）と呼ぶ。実際には，電荷が受ける力には向きがあるので，電場も同じ向きを持つと考え，ベクトルで表す[†2]。電荷を持つ物体が複数存在する場合には，**図 1.8**(a)のように，それぞれが作る電場のベクトルとしての和が，実際の電場となる。

クーロンの法則の式を積分することによりエネルギーの式が得られること

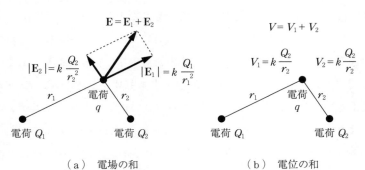

（ a ）　電場の和　　　　　（ b ）　電位の和

図 1.8　複数の荷電粒子から受ける電場の和と電位の和

---

†1　一見して万有引力の法則と式の形が似ていることがわかる。クーロンの時代にはすでに万有引力の法則が知られていたので，この式にはさほど違和感はなかったのではないかと思われる。

†2　プラスの電荷が受ける力の向きをプラスの電場と定義する。

は，万有引力についての議論から容易に類推できるだろう。ただし，電荷の間の力には，引力と斥力とがあることに注意が必要である。電荷 Q や q の値が，プラスの電荷に対しては正に，マイナスの電荷に対しては負になるように定義すると，プラスとプラスの間に働く力の向きは重力とは反対になるので

$$E = k\frac{Qq}{r} \tag{1.29}$$

となる。これは，同じ符号を持つ電荷が近接して存在する場合に正のエネルギーを持つことを表す。

　さらにここで，式（1.28）でクーロン力から電場を定義したのと同じように，電気エネルギーの式も変形してみよう（便宜上エネルギーを E とするが，電場を表す E とは別のものである）。

$$E = q \cdot k\frac{Q}{r} = qV \tag{1.30}$$

と書くと，その場所が V という強さを持っていて，電荷を持った物質は，q と V の積で決まるエネルギーを持つと考えることができる。このように定義される V を**電位**（electric potential）と呼ぶ。電位はスカラーなので，電荷を持った物質が複数存在する場合には，図（b）のように，それぞれが作る電位のスカラー和が実際の電位となる。

　最後に，定数 k の値について考える。k の値は，電荷 Q，q の単位をどう決めるかによって変わるが，歴史的には先に電流の単位 A（アンペア）が定められ，1 A の電流が流れるときに 1 秒間に通過する電荷の量を 1 C（クーロン）と定めたため，それをもとに k の値を計算すると，$8.9876 \times 10^9\,\mathrm{Nm^2A^{-2}s^{-2}}$ となる。

1.3.2　定常電流と回路

　電気の研究は静電気から始まったが，19 世紀になるとボルタが電池を発明し，継続的に電気が流れ続ける電流を生じさせることが可能になった。電池の片方の電極から電流が流れ始め，いろいろなところを伝わりながら電池の反対側の電極に戻ってくる。こうした電気回路の振舞いを調べることで，電気につ

いてさまざまなことがわかってきた。

電気回路の基本となるのはオームの法則であり，式（1.31）で表される。

$$V = RI \qquad (1.31)$$

Vは**電圧**（voltage）である。電池は，両極間に一定の電圧を生じさせる役割を担う。電圧は電位差とも呼ばれ，1C（クーロン）の電荷が持つエネルギーが両極間でどれだけ違うかを表していると言ってもよい。電圧の単位V（ボルト）は，1Cの電荷に1J（ジュール）のエネルギーを与える強さと定められるので，1V=1J/Cということになる。Iは**電流**（current）であり，単位時間に通貨する電荷の量で定義される。1秒に1Cの電荷が通過するのが1A（アンペア）である。この両者が比例関係にあるというのが**オームの法則**（Ohm's law）で，比例定数Rは**抵抗**（resistance）と呼ばれる[†]。抵抗の単位はΩ（オーム）で，1Ω=1V/Aである。

電流とは，電圧の高いところから低いところへ電荷が移動し続けることなので，それらの電荷が持っていたエネルギーが失われることになる。失われたエネルギーはどうなるのかというと，一般的な抵抗ではすべて熱エネルギーに変わる。このようにして得られる熱を**ジュール熱**（Joule heat）と呼ぶ。電圧Vが電荷1C当たりの電気エネルギー，電流Iが1秒間に何Cの電荷が流れるかを表すとすると，1秒間に失われるエネルギーは，両者の積となる。

$$P = VI \qquad (1.32)$$

式（1.32）で定義されるPを**消費電力**（electric power consumption）と呼ぶ。消費電力の単位は，VとAの積でW（ワット）と呼ばれる。1W=1VAであるが，簡単な計算で，1W=1J/sであることも確認できるだろう。消費電力に電流が流れ続けた時間を掛けると，全部でどれだけのエネルギーが失われたかを求めることができる。これを**消費電力量**（electric energy consumption）と呼ぶ。1Wの消費電力を1時間流し続けた場合の消費電力量を1Whと表す。

なお，電気回路では電池と抵抗のほかに**コンデンサ**（capacitor）や**コイル**

[†] ただし，温度変化などによって抵抗の値が変化することもあり，そうした場合には電圧と電流は必ずしも比例しない。

(coil) といった部品が使われることもある。コンデンサは，2枚の導電性の板を少し離して置くことにより，プラスとマイナスの電荷が蓄積されるものであり，流れる電流の積分値が両端の電位差に比例するという特徴がある。コイルは1.3.3項で後述する電磁誘導の性質により，流れる電流の微分値が両端の電位差に比例するような部品である。コンデンサやコイルは，電流の大きさがつねに変化している交流回路においては重要な役割を果たすが，一定の電源電圧のもとで電流に変化がない直流回路では特段の役割を持たない。

1.3.3　電 場 と 磁 場

　静電気の存在が古くから知られていたのと同様に，磁石も古代からさまざまな場面で利用されてきた。特に，地磁気の存在が知られるようになってからは，磁石による羅針盤が航海に果たした役割は大きい。そして19世紀になると，この両者の結び付きが理解されるようになる。エルステッドは，電流が流れる導線の周囲で，方位磁針の向きが変わることを発見し，この性質はのちにアンペールによって定式化された[†]。

　アンペールの法則により，電流を使って磁石を作ることが可能になった（電磁石）。これは磁石のN極とS極を自由にコントロールできるということでもある。周囲を磁石で囲まれた中に回転する電磁石を置き，回転に合わせてN極とS極を入れ換わるようにすれば，つねに反発力が働き電磁石が回転を続ける。こうした仕組みにより**モーター**（motor）が発明され，産業を大きく変えるきっかけとなった。**図1.9**(a)に示すように，左から右へ向く**磁場**（magnetic field）の中で，手前から奥に電流が流れると，上から下に向く力が生じる。導線をコイル状にしておくと，右側では奥から手前に電流が流れるため，全体としてコイルは反時計回りに回転する。コイルが180°回ったところで，電池のプラスとマイナスとの接続が逆になるような装置（整流子）を付けておけば，その後も同様に反時計回りの回転が続くという仕組みである。

[†]　**アンペールの法則**（Ampere's law）：エルステッドの名前は磁場の単位として，アンペール（アンペア）の名前は電流の単位として使われている。

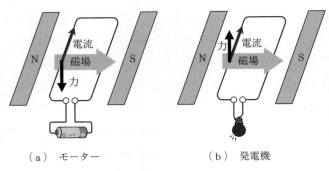

（a） モーター   （b） 発電機

図 1.9 モーターと発電機の原理

電流（電場の時間変化）が磁場を作ることと対をなすように，磁場の時間変化が電場を作るということも知られるようになった。この性質は，発見者の名前を取ってファラデーの**電磁誘導**（electromagnetic induction）の法則と呼ばれる。導線の近くで磁石を動かす（磁石の近くで導線を動かしても同じ）ことで電流が流れるようになるので，この仕組みによる発電が可能となった。図（b）に示すように，左から右へ向く磁場の中で，外力により導線を上向きに動かすと，手前から奥に電流が流れる。コイルや整流子の仕組みをモーターと同じようにしておけば，電流が流れ続けるという仕組みである。

クーロンの法則とアンペールの法則，ファラデーの電磁誘導の法則，それにもう一つ，単独で磁荷を持つ粒子は存在しないという法則を加えた四つが，電磁気学の基本法則である。19 世紀後半になると，**マックスウェルの方程式**（Maxwell's equations）によりこれらの法則が統合され，古典電磁気学が完成したと言われている。

演 習 問 題

〔**1.1**〕 野球で打球が最も遠くまで飛ぶのは，45°の角度で打ち出されたときだと言われている。空気抵抗が無視できると仮定して，45°で最も遠くまで飛ぶ理由を考えなさい。

〔**1.2**〕 日本の家庭用コンセントの電圧は 100 V だが，ヨーロッパの多くの国では 220 V である。日本の電化製品をそのままヨーロッパで使ったときに，どのような危険がありうるかを，オームの法則をもとに考えなさい。

2章 画像のための物理

◆本章のテーマ

　画像はメディアを介してやり取りされる主要な情報の一つである。本章では画像に関連する物理現象，映像撮影機器の原理，表示装置の原理など多方面からの解説を行うことにより，画像の基礎技術に対する読者の正確で深い理解を目指す。はじめに生物学的な知見も含め人間が光と色をどう知覚し，色彩を情報として扱うためにどのような理論が用いられているかを概説する。以降は色情報を1枚の絵として集約した画像をディジタルデータとして取得して情報として扱う際の基礎理論，各種機器の基盤技術としての物理現象，実際の映像機器の原理について説明する。

◆本章の構成（キーワード）

2.1　色の理論
　　　視細胞，表色系，等色関数，スペクトル，色度図
2.2　ディジタル画像
　　　標本化，解像度，量子化，階調，ダイナミックレンジ，CT
2.3　映像機器のための電子工学
　　　半導体，ダイオード，トランジスタ，イメージセンサ，AD変換，SN比
2.4　映像機器のための光学
　　　プリズム，偏光，光学フィルタ，カラーフィルタ，レーザ
2.5　映像機器の原理
　　　カメラ，ディスプレイ，プロジェクタ

◆本章を学ぶと以下の内容をマスターできます

☞　色および光の物理的性質とその情報の数値化がどのように行われるか
☞　色や光を感知してディジタル画像を構成する仕組みの原理
☞　電子機器，光学機器としての映像機器の仕組み

2.1 色 の 理 論

本節では画像を人間が認識する際の基本的な物理属性である色彩について概説する。色を知覚する原理を示したのち，特に画面の発光を利用して色を再現することを想定した数値による色情報表現を中心に説明する。

2.1.1 色 の 知 覚

まず，そもそも人間がどのように色を認識するかという基礎を述べる。人間の眼球のレンズ（**角膜**（cornea）および**水晶体**（crystalline lens））によって外界の景色が結像する眼球内面には**網膜**（retina）がある。網膜への結像はプロジェクタのスクリーンに結像する現象と同じだが，スクリーンと異なり，網膜の役割は像の各所の明るさを脳への信号として送り出すことである。その意味ではカメラのイメージセンサが網膜と同じ役割を果たしている。

網膜の比較的表層部には明るさを脳への信号強度に変換するためのセンサとして**視細胞**（visual cell）が多数分布している。視細胞の個数は1億以上と言われている。網膜の内部には10層もの特徴の異なる層があり，最終的に脳につながる**神経線維**（nerve fiber）は約100万本存在する。複数の視細胞の情報を束ねて各神経線維が信号を脳に伝えている[1]。

視細胞には大きく分けて**桿体**（rod）細胞，**錐体**（cone）細胞の2種類がある。1億個以上ある桿体は可視光範囲の弱い光にも反応し，700万ほどの錐体はある程度強い光で特定範囲の色に反応する。外界のうち人間が凝視した点が投影される網膜上の**中心窩**（central fovea）付近に限ると約4000個の錐体のみが密集し，しかも神経線維と1対1の対応をしている。そのため中心窩は色を強く感じ，視力が最も高い。

錐体はL錐体・M錐体・S錐体（別名でR錐体・G錐体・B錐体または赤錐体・緑錐体・青錐体）の3種類に分類でき，それら三つはそれぞれ赤，緑，青に最も強く反応するような山型の感度分布を持つ。色の知覚はこれらの三つ組の反応強度の値をもとに決定される。**図2.1**はこれらL，M，S錐体および桿

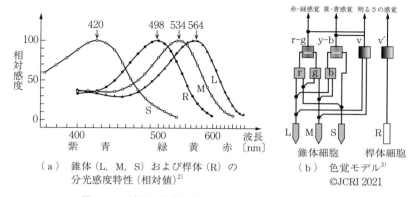

（a）錐体（L, M, S）および桿体（R）の
分光感度特性（相対値）[2]

（b）色覚モデル[3]
©JCRI 2021

図2.1　3種類の錐体細胞の分光感度特性と色覚モデル

体（R）の分光感度特性である。分光とは光を波長別に分けて解析する概念である。分光については2.1.3項でより詳しく解説する。図（a）の横軸は波長で，人間の眼で見ることのできる光の波長の範囲を示している。L錐体は長波長に，S錐体は短波長に，M錐体や桿体はそれらの中間の波長に強く反応する[2]。

　前述のように，網膜表面の視細胞から脳に向かう神経線維に至るまでは10層もの層を経て信号が変換される。この変換を概念的に説明するのが**色覚モデル**（chromatic vision model）である。図（b）は現在一般的とされる色覚モデル（段階説）である[3]。L, M, S錐体の反応強度からRGB信号（図中のr, g, b）を経て赤-緑感覚・黄-青感覚・明るさの感覚の三つの信号に変換して脳に網膜各点の色情報を伝達する。明るさの感覚は加算の演算により信号が合成され，赤-緑感覚と黄-青感覚は減算の演算で信号が表される。

　色覚障害は，遺伝的な要因で三つの錐体のうちいずれかが変性または欠損した場合に生じる。最も頻度が高いのはM錐体が変性することによりr-gの赤緑感覚が正しく伝達されない色覚障害である。色覚障害をもたらす遺伝子は，性染色体（男性はXYの組を，女性はXXの組を持つ）のうちX染色体の中に劣性遺伝子としてある確率で存在する。女性は一方のX染色体に障害があってもこれは劣性であるため他方が正常であれば色覚障害は発症しない。男性はX染色体が一つしかないためこれが異常であれば確実に発症する。女性の色覚

障害が稀である事実は，発症確率が男性の場合の２乗と格段に小さくなること
が理由である。

　人間以外の動物も同様に複数種類の錐体細胞によって色を知覚する。犬や猫
は２種類の錐体しかないと言われており，人間よりも識別できる色の種類が少
ない。鳥は４種類の錐体を持ち，人間の可視光よりも短波長の紫外線を感じる
錐体が追加されている。鳥は人間よりもはるかに彩り豊かに光を感じ取ること
ができるはずである。ミツバチは人間と同じ３種類の錐体を持つが，赤を感じ
る錐体がなく，代わりに紫外線を感じる錐体がある。花の中心部は紫外線を反
射する場合が多く，蜜のありかを見つけやすく進化したと推測できる。

　人間が三つ組の値で色を知覚する一方，物理的に厳密な色は図（a）の横軸で
示す光の波長の可視光範囲における強度分布（分光分布）の形によって定ま
る。分布の形が異なっても，錐体の反応の結果，三つ組の信号強度が同じにな
ることもある。つまり，物理的には異なる２色を人間は同じ色と知覚する場合
がある。このような場合，この２色は**等色**（color matching）していると言う。

　物理的に異なる２色で人間が区別することのできる２色でも，条件によって
等色する場合もある。眼に入る外界の光は照明に照らされた物体の反射光であ
ることが多い。照明の光源の分光分布と物体の反射率の分光特性との積によっ
て反射光の分光分布が決まる。そのため，二つの異なる色の物体をある照明下
で見た際には異なる色と判別できても，別の照明下では同じ色と知覚する場合
が起こりうる。このような現象を**条件等色**（metamerism）と言う。

　トンネル内の照明で使われるナトリウムランプは橙色付近のごく狭い波長範
囲だけに強度が集中する分光分布を持つ。極端な例だが，このような場合，多
くの物体が条件等色を起こし人間の眼には同じような色にしか見えない。

2.1.2　表　色　系

　情報機器や情報メディアで画像を扱う際の色は数値化されたディジタルデー
タとなる。本項では色の数値表現の実際について説明する。

　最も基本的な色データの表現として使われる形式は**RGB 表色系**（RGB

color system）である。**光の3原色**である赤（R）・緑（G）・青（B）の輝度を
それぞれ数値で表現した三つ組のデータによって1種類の色を表記する。前項
で示した人間のL，M，Sの各錐体の感度特性が大まかにR，G，Bのそれぞれ
の色特性に類似している。

　ディスプレイのように自ら発光する装置に与えるデータは基本的にRGBで
ある。これらの数値を決めることは光の3原色をその割合で混ぜ合わせること
に相当し，これを**加法混色**（additive color mixture）と呼ぶ。

　一方で，印刷物についてはシアン（C）・マゼンタ（M）・黄（Y）が3原色と
なる。インク量が多いほど光を多く吸収し黒に近くなることからCMYの混色
は**減法混色**（subtractive color mixture）と呼ばれる。**図2.2**（a）（b）に3原色
の加法混色と減法混色の結果を示す。

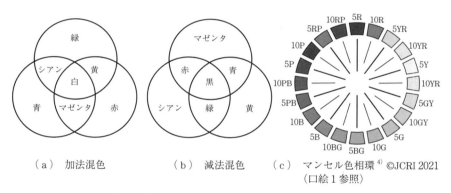

（a）　加法混色　　　　　（b）　減法混色　　　（c）　マンセル色相環[4] ©JCRI 2021
　　　　　　　　　　　　　　　　　　　　　　　　　　　（口絵1参照）

図2.2　加法混色と減法混色およびマンセル色相環

　RGBの数値データはそれぞれを0～255の範囲で表すことが多い。すべて最
小値0のRGBは黒を表し，すべて最大値255の場合は白を表す。

　人間の感覚に近い表色系としてマンセル表色系がある。米国の画家であるマ
ンセルは色の3属性である**色相**（hue，色の種類），**彩度**（chromaまたは
saturation，色の鮮やかさ），**明度**（value，光の強さ）を提唱した。3属性の度
合いの組合せによって約1 600色を定めた色見本（色票集，the Munsell book
of color）が用意されている。各色相別に彩度の高い色票を円周状に配置した

マンセル色相環（Munsell hue circle）を図（ c ）に示す。

　マンセル表色系の各色は番号と色記号で体系立てて命名されている。番号は色の濃さを表すものの，数値として加減算をする想定にはなっていない。これに対して，ディジタル画像では色相・彩度・明度を演算可能なデータとして扱うための **HSV モデル**（HSV model）が使われる。色相 H は角度であり，0° が赤で反時計回りに黄色を経て 120° が緑，シアンを経て 240° が青，マゼンタを経て 360° の赤に戻る。S および V は 0 から 100 の整数値となる。

　HSV と類似したカラーモデルとして HSB，HSI がある。明度の各段階に対する彩度の範囲のとり方の違いがあるだけで概念的には類似している。

　RGB 値はディスプレイに与えるデータとして使われるが，RGB の数値の違いと人間が感じ取る色の違いとは定量的には一致しない。これを改善した表色系が CIE（国際照明委員会）L*a*b*表色系である。ある 2 色を比較して人間にどのぐらい違って見えるかを調べる際には，RGB 値を L*a*b*値に変換した上で色空間上での 2 色の座標間の距離をその指標とする必要がある。L*a*b*表色系は 2.1.1 項で触れた色覚モデルに基づいている。L*は輝度値（0 が黒で 100 が白），a*は赤 - 緑感覚の値（100 が赤，0 が無彩色，－100 が緑），b*は黄 - 青感覚の値（100 が黄，0 が無彩色，－100 が青）を表す。

　色をより厳密に表現できる表色系として **XYZ 表色系**（XYZ color system）がある（詳細は 2.1.3 項で述べる）。同じ値の RGB でもディスプレイによって少し異なる色を発することが前提として許容されているのに対し，XYZ は与えられた値に対して決まる色は必ず等色となる。また，人間が知覚できる範囲の色のうち，RGB では彩度の大きい色は表現できない[†]が，XYZ はすべての可視光の色を等色として表現できる。

2.1.3　分光と等色関数

　光は**電磁波**（electromagnetic wave）の一種で，特定の範囲の波長の電磁波が人間の眼に見える**可視光**（visible light）である。具体的には波長約 380〜

---

　†　形式的には RGB 値のうち一部を負の値にすればあらゆる等色を表現できる。

700 nm が可視光で，色の違いはその範囲内での波長の違いに起因する。虹の7色の赤橙黄緑青藍紫は波長約 700〜400 nm 弱に順番に対応している。

人間が認識する一つの色は，無限に細かい段階の（連続的な）各波長の可視光が混じり合った結果である。光が一般に異なる割合で混じり合う各波長の光の合成から構成される概念は，**分光（スペクトル**，spectrum）と呼ばれる。また，波長を横軸にしたときにグラフ化される強度の列は**分光分布**（spectral distribution）と呼ばれる。グラフ左端の短波長は紫の光，右端の長波長は赤の光に対応する。**図 2.3** は各種光源の分光分布の例で，横軸は可視光範囲の波長，縦軸は相対的な強度である。図（ a ）は白熱灯，図（ b ）は蛍光灯，図（ c ）は青色 LED，図（ d ）は白色 LED の分光分布である。

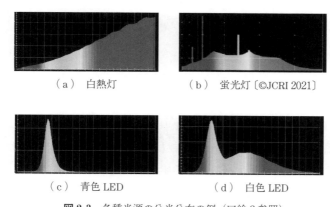

（ a ）　白熱灯　　　　　　（ b ）　蛍光灯〔©JCRI 2021〕

（ c ）　青色 LED　　　　　（ d ）　白色 LED

図 2.3　各種光源の分光分布の例（口絵 2 参照）

人間にとって蛍光灯と白色 LED とは区別がつきにくく，等色となっていると見てよいが，分光分布は明らかに異なっていることがわかる。典型的な白色 LED の内部構造は，青色 LED とその光のエネルギーを受け別の色を発する蛍光物質から構成される。両者の分光分布を合成した結果，人間の眼には白く見える白色 LED の分光分布となる。

一つの分光分布は特定の 1 色を物理的に正確に表現する。一般的な表色系では特定の色を三つ組の数値によって表現するのに対し，分光分布は可視光の波長方向に連続的な強度の大小の並びである。現実的に分光を表現するには波長

方向に標本化（サンプリング）を行い，多数の波長での強度値の配列を用いる。標本点の個数は少なくとも 10 点程度（約 40 nm 間隔）から 400 点以上（1 nm 以下の間隔）で，目的に応じて設定される。

このように分光分布の多数のサンプル強度列により色を表現する方法は**マルチスペクトル**（multi-spectra）と呼ばれる。実際にマルチスペクトル画像を撮影できるカメラも市販され，RGB 画像では困難な微妙な色の分析を行う研究や応用が行われている。

表色系で最も物理的な分光に近い表現ができるのは前述の XYZ 表色系である。ある色の波長 λ に対する分光分布を $S(\lambda)$ とすると，X, Y, Z の値は以下の式（2.1）によって求められる。

$$X=\int_{\lambda_{\min}}^{\lambda_{\max}}\overline{x}(\lambda)S(\lambda)\,\mathrm{d}\lambda,\quad Y=\int_{\lambda_{\min}}^{\lambda_{\max}}\overline{y}(\lambda)S(\lambda)\,\mathrm{d}\lambda,\quad Z=\int_{\lambda_{\min}}^{\lambda_{\max}}\overline{z}(\lambda)S(\lambda)\,\mathrm{d}\lambda$$

$$(2.1)$$

ここで，$[\lambda_{\min},\ \lambda_{\max}]$ は可視光の範囲を示し，$\lambda_{\min}=380$ nm，$\lambda_{\max}=700$ nm がよく使用される。無次元の相対値である 3 刺激値 $\overline{x}(\lambda)$, $\overline{y}(\lambda)$, $\overline{z}(\lambda)$ は CIE1931 の標準で策定された**等色関数**（color matching function）で，実験的に得られたものである。それぞれおおむね赤，緑，青に対して反応する人間の眼の 3 種類の L，M，S 錐体細胞の分光感度に相当する特性関数である。等色関数のグラフを**図 2.4**に示す。

式（2.1）からわかるように，X, Y, Z は元の色 $S(\lambda)$ のそれぞれおおむね赤，緑，青の強度値を表している。X, Y, Z は 0 以上の値であるが，値の上

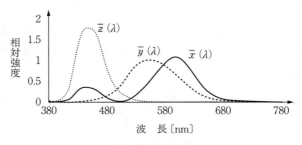

図 2.4　等色関数

限には制約はなく大きい値は明度が高いと見なすことになる。明度を無視して色相と彩度だけに着目するために X, Y, Z を以下のとおり正規化した x, y, z が定義されている。

$$x = \frac{X}{X+Y+Z}, \quad y = \frac{Y}{X+Y+Z}, \quad z = 1-x-y \tag{2.2}$$

明らかに x, y, z のそれぞれの値は $[0, 1]$ の範囲内に収まることがわかる。また，x, y の二つの値だけで可視光の範囲のあらゆる色（色相と彩度）を表現できる。これについてはつぎの 2.1.4 項で述べる。

ここで，X, Y, Z と R, G, B の関係について示す。米国のテレビ技術標準である NTSC 標準（National Television System Committee）によれば，$(R, G, B) = (1, 1, 1)$（白）のとき $(X, Y, Z) = (0.9804, 1, 1.1812)$ とすると設定されている。これに加え $(x, y) = (0.67, 0.33)$ のとき $G = B = 0$ とし，$(x, y) = (0.21, 0.71)$ のとき $B = R = 0$ とし，$(x, y) = (0.14, 0.08)$ のとき $R = G = 0$ とするという条件をそれぞれ定め，合計九つの制約式を設けた。これらにより，以下の 3×3 行列による変換式が導かれる[†]。

$$\begin{pmatrix} R \\ G \\ B \end{pmatrix} = \begin{pmatrix} 1.9106 & -0.5326 & -0.2883 \\ -0.9843 & 1.9984 & -0.0283 \\ 0.0584 & -0.1185 & 0.8985 \end{pmatrix} \begin{pmatrix} X \\ Y \\ Z \end{pmatrix} \tag{2.3}$$

2.1.4　xy 色度図と色域

2.1.3 項で示した x, y, z 値のそれぞれはおおむね赤，緑，青の相対的な強度を表す。ただし，定義上 $x+y+z = 1$ という制約があるため，明度が一定と見なされ，黒は表現できない。一方であらゆる色相と彩度は x, y の組によって表現できる。**図 2.5** に示す **xy 色度図**（xy chromaticity diagram）は，可視光の範囲のすべての色の種類を x, y のグラフ上に表したものである。

図 2.5 の x, y グラフ中で舌のような形状で示した範囲が xy 色度図で，物

[†]　一般に RGB 値は表示装置特性によって物理的に少しずつ異なる色となる。この式は標準的と想定できる一表示装置の仕様を設定していることと等価である。

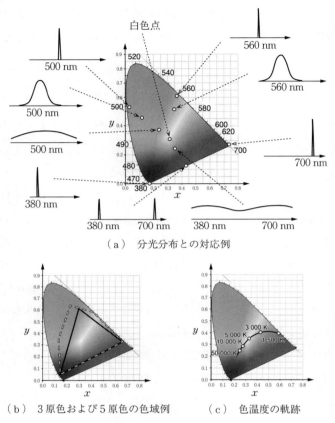

（a） 分光分布との対応例

（b） 3原色および5原色の色域例　　　（c） 色温度の軌跡

図 2.5　xy 色度図（口絵 3 参照）

理的に可視光として存在するすべての色相と彩度を含んでいる。色度図の外側
には物理的な色は存在しない。すべての色の種類を包含させるために，XYZ
表色系やその値を正規化した x，y は，物理的に存在し得ない色の範囲も値と
しては存在させてしまうということになる。

　グラフの左上側に頂上がある逆 V 字型の曲線状の境界部分は**スペクトル軌
跡**（spectrum locus）と呼ばれ，純粋な単波長の（彩度が最も高い）色に対応
する。この曲線に沿って色相が変化する。図（a）のスペクトル軌跡の周囲に付
記した 380～700 の数字は波長（nm）の値である。色度図中央の白色点（$x=$

0.33, $y = 0.33$）は最も彩度が低い色で，その点から周辺のスペクトル軌跡に向かうにつれて彩度が大きくなる。

　左下の端点は最も短い波長の可視光（紫）に対応し，右下の端点は最も長い波長の可視光（赤）に対応する。この2端点を結ぶ下部の直線部分の境界は紫と赤の2波長の光の重み付き平均をとる形で混合した光と考えることができる。図（a）の周辺部には，模式的な分光分布とxy色度図上の1点とを対応付けた例[1]をいくつか示している。

　図（b）に示す色度図内の三角形（黒い太線）は，標準的な表示装置が発色できるRGBの範囲（sRGB）を示している。色度図上でのこのような範囲をその表示装置の**色域**（color gamut）と呼ぶ。図（b）に示すとおり，可視光の中で表示装置が表現できる色の範囲は限られている。三角形以外に五角形（白い破線）の色域を例示している。これは，あるメーカーが開発した5原色のプロジェクタの色域で，通常のディスプレイに比べ，特に高彩度のシアン（青緑）が表現できることが見て取れる[2]。

　図（c）は色度図上での**色温度**（color temperature）の軌跡を示したものである。色温度は，光を反射しない理想的な物質（黒体）が高温になった場合に自ら光を放つ際の温度とその色との関係を表すものである。色温度はデザイン分野全般での色指定に用いられることがある。

2.2　ディジタル画像

　現代のメディアでやり取りされる画像情報はすべてディジタル画像であると言ってよい。本節ではディジタル画像の生成の原理とその実際について述べる。ディジタル画像を得る手段として，カメラ撮影，スキャナによる走査，計算によるデータ生成がある。カメラ撮影については本節では基礎概念を説明

---

[1]　実際には色度図上の1点に対応する分光分布として，純粋な単波長以外の場合は，等色となる無限の組合せの分布が存在する。

[2]　近年のテレビディスプレイ製品は3原色より多い原色を組み合わせて大きな色域を実現している。これにより鮮やかな色が表現できる。

し，詳細は 2.5 節に譲るが明暗の範囲について少し詳しく述べる。スキャナに
は印刷物を読み取るもののほか 3 次元の内部構造を取り込む装置があり，本節
では後者について触れる。計算によるデータ生成はコンピュータグラフィック
ス（CG）そのものであり，3 章で詳しく述べる。

2.2.1 標本化と解像度

ディジタル画像はその形が矩形（水平と垂直の辺によって構成される長方
形）であるという大前提がある。外界の景色を取り込む場合（カメラ撮影）も
例外ではない。ディジタル画像撮影の際は，まず横と縦のサイズ，すなわち**解
像度**（image resolution）を決めておく必要がある。解像度の単位は**画素**（pixel）
の個数である[†1]。カメラの場合，解像度は使用する機種によって決まってい
る。画素は画像を構成する単位で詳細はつぎの 2.2.2 項で述べる。

使うカメラが決まったら，撮影者は外界のどの部分を切り取るか，カメラア
ングルを定める。そしてシャッターを切ることにより取り込む時刻が決まる。

この一連の作業に伴う処理，すなわち外界の特定部分の像を矩形状に並ぶ各
画素の色として取り込む処理を画像の**標本化**（sampling）と呼ぶ[†2]。

カメラはレンズによって撮像面に像を結ぶ。撮像面には解像度に相当する個
数のイメージセンサが矩形状に配列されて各画素の 3 原色 RGB の値を取り込
む。イメージセンサの詳細については 2.3.4 項および 2.5 節で述べる。

2.2.2 量子化と画素

画像は解像度分の画素（ピクセル）の縦横の並びによって構成される。1 画
素は光の 3 原色である RGB の三つ組のデータからなる。この R，G，B それぞ
れのことは画素の**成分**（component）または**サブピクセル**（subpixel）と呼ぶ。
最も一般的に用いられる画像はフルカラーと呼ばれる画像で，画素の RGB

[†1] 一方で，印刷物の解像度としては 1 インチ（2.54 cm）当たりのドット（インク滴下
点）の数である dpi（dot per inch）が用いられる。

[†2] 標本化は画像だけに限った概念ではない。例えば音声録音でも切り取る時間と 1 秒
当たりの取り込む回数（標本化周波数）を決めることになる。

は各8ビット（2進数8桁，1バイト）の数値データとして保持するものである。3成分なので1画素の情報量は24ビット（3バイト）ということになる。

画像撮影時の1画素に対応する外界のごく狭い範囲の色はイメージセンサにより RGB 各成分のアナログ電圧強度として取り込まれた後 AD 変換[†1]を経て各成分が有限桁（8ビット）の数値に変換される。このようにアナログ情報を有限桁の1個の数値として取り込むことを一般に**量子化**（quantization）と言い，量子化で得られる2進数の桁数のことを**量子化ビット**（quantization bit）と言う。

画像の量子化によって，RGB それぞれの輝度の段階数が確定する。8ビットで量子化すると 0 〜 255 の整数値（符号無し8ビット整数）となり，256 段階の輝度で表現することになる。輝度の段階数をその画像の**階調**（gradation）と言う。

画像の標本化によって解像度が決まると同時に量子化によって階調が決まる。これら解像度と階調はディジタル画像の最も基本的な属性情報である。

フルカラー以外の画像として**グレースケール画像**（gray-scale image）と**2値画像**（binary image）を紹介する。

グレースケール画像は1画素が1成分からなる画像である。その1成分は明度を表す白黒の輝度である。8ビットで量子化すれば0が黒，255が白，128が中間の灰色となる。256 階調で明暗が滑らかに変化する。

2値画像は2階調のグレースケール画像と言ってよい。量子化ビット数は1ビットであり，1画素の明暗の変化は2段階しかない。値が0ならその画素は黒，1なら白と解釈するのが一般的である[†2]。

2.2.3 HDR 画像

前項ではフルカラー画像は RGB 各8ビット，つまり 256 段階であると述べた。一方で，自然界の光の強弱は非常に範囲が広い。例えば，太陽光は夜空の

[†1] AD 変換の詳細は 2.3.5 項で述べる。
[†2] 白い紙に黒インクで印刷したものを取り込んで2値画像とする場合，背景の白を0，インクで書かれた黒の場所を1と解釈することもある。

星に対して数百万倍の強さであると言われている。本項では光の強弱の範囲の概念を説明し，その範囲が大きい特殊な画像に関して述べる。

カメラ撮影で得られる明暗の変化の範囲は**ダイナミックレンジ**（dynamic range）と呼ばれる。ダイナミックレンジは明るさ（単位：lx（ルクス））の最小最大の範囲とする場合もあれば，最大最小の比率（単位：db（デシベル））で表す場合もある。本項では前者の解釈をとる。

撮影結果の画像中で，ダイナミックレンジを超えた画素は白飛び（RGB = (255, 255, 255)）あるいは黒つぶれ（RGB = (0, 0, 0)）となる[†]。白飛びや黒つぶれを生じにくくするためにカメラ撮影時の露光時間や絞りを調節する。これはダイナミックレンジを変更することに相当する。ただし，ダイナミックレンジの範囲そのものを広げることは困難である。非常に明るい場所と非常に暗い場所とを同時にダイナミックレンジに収めて1回で撮影することは難しい。

しかしながら，ディジタル画像として非常にダイナミックレンジの大きい画像を保持することは可能である。このような特殊な画像は**HDR画像**（high dynamic range image）と呼ばれる。HDR画像はRGB各8ビットではない。整数値ですらなく，**浮動小数点数**（floating-point number）を使用する。これにより1枚の画像の中に数百万倍のダイナミックレンジの輝度を格納することができる。簡単に言うと，ある画素はRGB = (0.01, 0.01, 0.01)で別の画素はRGB = (10 000, 10 000, 10 000)というような画像ということである。

HDR画像を1回の撮影で取り込むことはできない。一般的には，絞りまたは露光時間を変えながら数回〜数十回の撮影をなるべく短時間のうちに行うことによりHDR画像が得られる。各画素の各成分について複数撮影画像の同位置の画素同士の数値演算により当該画素のHDRの画素値を計算する。

また，HDR画像を理想的な見え方で表示する装置はない。最先端のディスプレイであっても物理的に太陽光ぐらいの明るさを発することは困難である。ディスプレイのダイナミックレンジもカメラと同様限られているのである。そ

[†]　最近のカメラは撮影結果の前処理をしないRAWデータ（RGB各12ビット）も保存できるが，極端な明暗に対処できない問題は変わらない。

もそも一般的なディスプレイ装置は RGB 各 8 ビットのデータを入力とする。HDR 画像を表示するにはいったん RGB 各 8 ビットの**LDR 画像**（low-dynamic range image）に変換する必要がある。

　このように HDR 画像を表示用の LDR 画像に輝度変換する処理は**トーンマッピング**（tone mapping）と呼ばれる。トーンマッピングで用いられる変換関数はグラフにすると横軸が入力 HDR なので長く，縦軸は出力 LDR なので 0～255 の範囲である。横軸にダイナミックレンジを設定してその範囲では単調増加となりグラフが右上がりとなる。ダイナミックレンジの左外側の出力値は 0，右外側の出力値は 255 でそれぞれ一定とするのが基本である。

　トーンマッピングでダイナミックレンジを広くとれば白飛びや黒つぶれは確かに減る。一方で，極端な明暗差のない局部的な模様はほぼ同じ明るさになり画像の細部がわからなくなってしまう。

　一般に HDR 画像では極端に明るい部分と極端に暗い部分がある。そのため，画像の部分領域によって明暗分布（ヒストグラム）が大きく異なる。これをふまえてトーンマッピングの際には領域ごとに別の変換関数を使用し，各領域についてそれぞれある程度明暗分布が均等（ヒストグラム均等化）になるようにすれば，結果的に極力白飛びや黒つぶれが生じない画像を得ることができる。このような手法を**適応的ヒストグラム均等化**（adaptive histogram equalization）と言う。なお，極端に明るい場所は出力輝度を抑え，同じ領域内にその分の輝度を分散させるコントラスト制限も加える処理を行う[5]。

　図 2.6(a)は屋内をパノラマ撮影した HDR 画像に対して画像全体で単一の直線的な変換によるトーンマッピングを施した結果である。入力画像のダイナミックレンジが広いため極端に明るい場所以外は大部分が黒つぶれとなっている。図(b)は約 40 の部分領域を設定して適応的ヒストグラム均等化を伴うトーンマッピングを実行した結果である。

　ここで，CG 画像における HDR について触れる。CG は計算により画素の値を求めるため，すべての計算で浮動小数点数を使えばより正確な計算結果が得られる。最終的な（あるいは中間結果を確認する際の）表示画像は LDR にせ

（a） 直線的な変換による　　　　　　（b） 適応的ヒストグラム均等化
　　　トーンマッピング結果　　　　　　　　　によるトーンマッピング結果

図 2.6　HDR 画像に対するトーンマッピング結果
〔提供：株式会社バンダイナムコスタジオ〕

ざるを得ないが，CG 制作の途中はすべて HDR で処理することもできる。このような CG 制作手法は**リニアワークフロー**（linear workflow）と呼ばれており，近年その導入が広がっている。

2.2.4　3 次 元 画 像

　画像は 2 次元の画素を縦横に配列したものである。これに対して画素を奥行き方向にも並べるような画像は特殊な分野で利用される。立体画像あるいは 3 次元画像（3D image）と呼ぶべきものであるが，そのような画像を得る主要な技術が **CT**（computed tomography）であることから，一般的には 3 次元画像と言えば CT 画像のことと考えてよい。

　CT 画像の利用用途は圧倒的に医療分野である。患者の体の内部を計測し，脳，内臓，血管，骨などあらゆる体内の患部の様子を画像として知ることができる。診断はもちろん，手術前に患部の立体画像を得て臓器と血管の CG 形状へと変換処理し，事前に手術シミュレーションを行うことも先端医療として実施されている。

　なお，医療分野では体内の様子を画像化する技術として X 線（レントゲン）撮影や超音波（エコー）検査も一般的である。これらは，断面画像（超音波検査の場合）や，体外のある方向から見た透過画像（X 線撮影の場合）を 1 枚の（2 次元）画像として撮影するものである。

これに対して CT 画像は少しずつ位置をずらしながら取得した断面画像（スライス画像）を多数蓄積することにより 3 次元画像を構成する。**X 線 CT**（X-ray CT）の撮像装置では，体内のある断面を通過させた X 線の減衰を多数測定し，その結果をもとに断面内各点（各画素）での減衰率を計算処理によって取得する。**図 2.7** は X 線 CT スキャナ装置（図（a））と，原理を示す簡単な構成図（図（b））である。

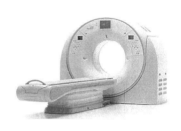

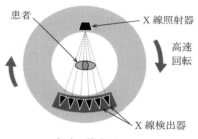

（a）　X 線 CT スキャナ装置
〔提供：キヤノンメディカル
システムズ株式会社〕

（b）　構成図

図 2.7　X 線 CT スキャナ装置の製品例と構成図

　X 線は硬い場所ほど減衰が強いため，X 線 CT の断面画像は硬い場所は画素値が大きく軟らかい場所は画素値が小さくなる。物理的には金属の X 線減衰率が最大で空気が最小である。医療用 X 線 CT では人間の組織の硬さの範囲に合わせ，脂肪や水分，各種臓器や血管，腫瘍組織や凝固血液を経て骨や結石までの範囲が鮮明に得られる画像を計算により求める。医療以外の工学的な用途として，金属内部の亀裂などの非破壊検査があり，その場合はより強力な X 線の CT 装置を用いて金属内部の 3 次元画像を取得する。

　MRI（magnetic resonance imaging，核磁気共鳴画像）装置は，X 線 CT 装置と同様の構成だが，強い磁場のもとで水素原子が電波に共鳴して自ら電波を発する現象を利用して 3 次元画像を得るものである。水素原子が多い場所ほど大きな画素値が得られる。MRI は水分と有機物の水素原子も区別して検出することができる。単純な硬さで計測する X 線 CT よりも高い分解能（階調）で各種

体組織を区別できる 3 次元画像が得られる。

2.3　映像機器のための電子工学

2.3.1　半　　導　　体

「半導体は産業の米」という言い回しを聞いたことがあるだろうか？　産業の米というのは，多くの産業で用いられる重要なものという意味である。ここで言う半導体とは，仮にある種の電子部品（半導体デバイス）と思えばよい。映像機器においても，CPU やメモリといった汎用的な半導体デバイスが数多く使われている。さらに，ディスプレイやプロジェクタに使われることがある発光ダイオードや，カメラに使われるイメージセンサも半導体デバイスである。半導体デバイスの中で，単一の機能を持つものは，ディスクリート半導体または個別半導体と呼ばれる。そうではなく，複数の機能を持つ素子を 1 チップにしたものを**集積回路**（integrated circuit, IC）と言う。

　さて，半導体という言葉が本来意味している，材料としての半導体について説明していこう。物質は，電気の通しやすさによって導体，半導体，絶縁体に分けることができる。導体は電気を通しやすく，銅やアルミニウムなどの金属が典型的な導体である。絶縁体は電気を通さない物質である。**半導体**（semiconductor）は導体と絶縁体の中間であり，電気をわずかに通す。

　このような性質の違いについて，原子の結合の仕組みから考えてみよう。原子は正の電気を持つ一つの原子核と負の電気を持つ複数の電子からできている（原子の中で水素だけは電子が一つであり複数ではない）。原子核が中心にあり，その周りに電子が分布している。正の電気と負の電気の間に引力が生じるため，ほとんどの電子は原子核から離れ去ることができない。電気は電子の流れであり，絶縁体ではすべての電子が原子核から離れられないため電気が流れない。金属では各原子からいくつかの電子が離れ，自由に移動する。このような電子のことを**自由電子**（free electron）と呼び，金属に電圧を掛けると同じ方向に自由電子が流れる。この自由電子の流れが電流である。

半導体では原子が**共有結合**（covalent bond）によって結び付いている。共有結合とは，原子と原子がおたがいに電子を出し合い，それらを共有することで結び付く強い結合である。例として，代表的な半導体であるシリコン（Si）について具体的に見ていこう。シリコンは，**図2.8**のように正四面体の結晶構造をしている。正四面体の中心と頂点にSi原子がある。図（b）に楕円で示すように，正四面体の中心にある原子は，各頂点にある原子と一つずつ電子を出し合い，共有結合をしている。

　図2.9は，隣接する四つの原子と共有している状況をわかりやすくするために，2次元的に描いたものである。このように，半導体は共有結合をしてお

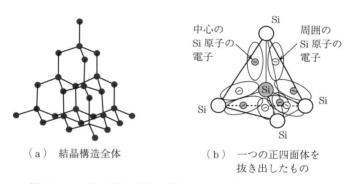

（a）　結晶構造全体　　　　　　　（b）　一つの正四面体を
　　　　　　　　　　　　　　　　　　　　　　抜き出したもの

図2.8　Siの共有結合（正四面体の中心と頂点にSi原子がある）

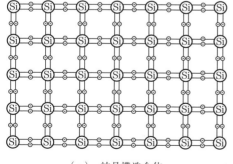
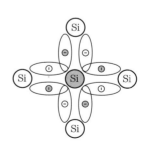

（a）　結晶構造全体　　　　　　　（b）　一つの正四面体を
　　　　　　　　　　　　　　　　　　　　　　抜き出したもの

図2.9　Siの結晶構造を2次元的に描いた模式図

り，金属のような自由電子はない。しかし，共有結合を担っている電子の中の非常にわずかな電子は，共有結合を切って原子核から離れることができる。電圧を掛けると，それらの電子が流れるため，半導体はわずかに電気を通すのである。共有結合を切るためにはエネルギーが必要であり，熱や光として与えることができる。室温であっても熱エネルギーを持つために電気をわずかに通すが，絶対零度[†]では電気をまったく通さない。

一方，半導体デバイスに使われるシリコンは，微量の不純物を混ぜた**不純物半導体**（extrinsic semiconductor）と呼ばれるものである。不純物には P（リン）や Al（アルミニウム）などが用いられる。**図2.10**(a)に示すように不純物が入ると，Si 原子が入るべき場所の一部が不純物の原子に置き換わる。P を混ぜた場合，P は Si より原子番号が一つ大きく，電子が一つ多いことから，隣接する Si 原子と共有結合できない余分な電子が一つ生じる。この電子は原子核から離れて自由電子となり，電圧を掛けると電気が流れる。このような不純物によって余分な電子が生じる半導体を **n 型半導体**（n-type semiconductor）と言う。

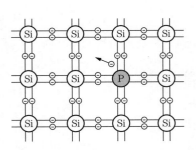 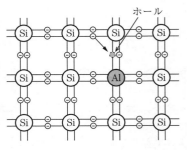

（a）P を不純物とした n 型半導体　　（b）Al を不純物とした p 型半導体

図2.10 Si の結晶構造を 2 次元的に描いた模式図

Al は Si より原子番号が一つ小さく，電子が一つ少ない。そのため Al を混ぜた場合，隣接する Si 原子と共有結合をする際に一つ電子が不足し，電子のな

---

†　－273.15℃ のこと。考えられる最低の温度であり，これより低い温度は存在しないとされている。

い穴のような場所が生じる（図(b)）。この穴のことを**ホール**（hole）と言う。電圧を掛けると，共有結合をしている周囲の電子の一つがホールの場所に移動してきてホールを埋めることができる。その電子が前にいた場所が新しいホールとなる。その新しいホールに，別の電子が移動して埋め，新しい電子が前にいた場所がホールとなる。これを繰り返すことで電子とホールが移動し，電気が流れる。このような，不純物によってホールが生じる半導体を**p 型半導体**（p-type semiconductor）と言う。

　ここで電流の担い手のことを**キャリヤ**（carrier）と呼ぶが，n 型半導体では電子がキャリヤであり，p 型半導体ではホールがキャリヤである。半導体中の電気の流れを考える際には，ホールを正の電荷を持った粒子と見なすと便利なことがある。不純物を混ぜていない半導体のことを**真性半導体**（intrinsic semiconductor）と言う。不純物半導体は，真性半導体よりも電気を流しやすいが，金属よりは流しにくい。金属のようにすべての原子から自由電子が生じるわけではないからである。

2.3.2 ダイオード

　ダイオード（diode）は電流を一方向にだけ流し，反対向きにはほとんど流さない機能を持つ半導体素子である。この一方向のみに電流を流すことを**整流作用**（rectification）と言う。

　ダイオードは，p 型半導体と n 型半導体をつなげる（接合させる）ことによって作ることができ，これを**半導体ダイオード**（semiconductor diode），または **pn 接合ダイオード**（pn junction diode）と言う。p 型半導体と n 型半導体の境界を接合面と呼び，**図 2.11** のように両端に電極を付けて電圧を掛ける。p 型側の電極に正の電圧，n 型側の電極に負の電圧を掛けることを順方向電圧を掛けると言う。逆に，p 型側の電極に負の電圧，n 型側の電極に正の電圧を掛けることを逆方向電圧を掛けると言う。整流作用とは，順方向電圧を掛けたときに電流が流れ，逆方向電圧を掛けたときには電流がほとんど流れないことである。整流作用は便利な機能であり，交流を直流に変換するための回路を作

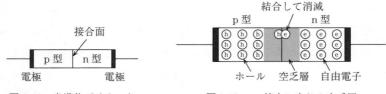

図 2.11 半導体ダイオード

図 2.12 pn 接合に生じる空乏層

ることができる。

　ところで，p 型と n 型の半導体をつなげるだけで，なぜ整流作用を持たせることができるのだろうか。それは空乏層が生じるからである。接合面の近傍では，p 型半導体のホールと n 型半導体の自由電子が引き合い，結合して消滅する。そのため，接合面近傍にキャリヤがない領域ができる。この領域のことを**空乏層**（depletion layer）と言う。**図 2.12** において，h はホール，e は自由電子を表し，空乏層にキャリヤがないことを示している。

　図 2.13（a）に示すように，順方向電圧を掛けると，空乏層の近傍のホールと自由電子が接合面の方向へ引き寄せられるため，ホールと自由電子の結合が進む。このとき，p 型半導体の電極からはホールが供給され，n 型半導体の電極からは自由電子が供給される。供給された分だけ，接合面で結合して消滅するため，電流が流れ続ける。

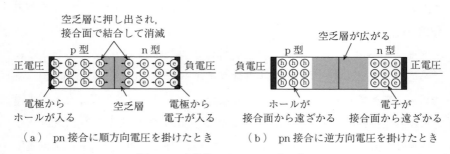

（a）　pn 接合に順方向電圧を掛けたとき　　　（b）　pn 接合に逆方向電圧を掛けたとき

図 2.13 半導体ダイオードの整流作用

　一方，図（b）のように逆方向電圧を掛けると，空乏層の近傍のホールと自由電子は接合面と反対方向へ引き寄せられる。その結果，キャリヤがない領域が広がり，空乏層がさらに大きくなる。両方の電極において，半導体中へキャ

リヤが入らないため，電流は流れない。これが整流作用の仕組みである。

　また，整流作用以外の特殊な機能を持たせたダイオードとして，フォトダイオード，発光ダイオード，レーザダイオードがある。これらは映像機器においてよく用いられている。

　フォトダイオード（photodiode）は光を検出するセンサであり，光を電気に変換する**光電変換**（photoelectric conversion）を行う。半導体に光を照射して一部が吸収されると，共有結合をしていた電子の中に，光のエネルギーを得て結合を離れるものが生じる。その部分にはホールも作られるため，自由電子とホールの両方のキャリヤが光によって作られる。逆方向電圧を掛けて空乏層を大きくした状態で，n型半導体かp型半導体のいずれか片方を接地し，もう片方は電気的に切り離しておく[†]。p型半導体を接地してn型半導体を切り離した場合について説明すると，フォトダイオードに光が入射して自由電子とホールが作られると，ホールはp型半導体の方向に引き付けられ，電極を通って外に出ていく。自由電子はn型半導体のほうに移動し，蓄積される。一定時間，光を照射して自由電子の蓄積を行い，その後，n型半導体を外部回路に接続すると，蓄積された自由電子を電流として取り出すことができる。これが光電変換の仕組みであり，得られる電流は入射光量に比例する。光電変換については，2.3.4項で再度説明する。

　発光ダイオード（light-emitting diode, LED）と**レーザダイオード**（laser diode）は**化合物半導体**（compound semiconductor）によって作られている。化合物半導体とは，複数の元素を組み合わせて作った半導体物質であり，GaAs（ガリウムひ素），InP（インジウムリン），InGaN（窒化インジウムガリウム）などが知られている。シリコンのように一つの元素でできた半導体物質と区別するための用語である。発光ダイオードは略してLEDと呼ばれている。LEDのほうがなじみがあるかもしれない。LEDもpn接合ダイオードであるが，順方向電圧を掛けたときに接合面で光が発生する。ホールと自由電子が接

[†]　接地とは地面に電気的に接続すること。**アース**（ground）とも呼ばれる。

合面で結合して消滅するときに，エネルギーが光となって放出されるのである。消滅するときに放出されるエネルギーの大きさが化合物の種類によって異なることから，LED光の色は化合物の種類によって決まっている。光のエネルギー E と波長 λ の間には，$E = hc / \lambda$ の関係があり，E が決まれば λ が決まる。h はプランク定数，c は真空中の光速である。この関係からわかるように，LED光は単一の波長からなるという特徴がある。

　光源としてのLEDの特徴は，最初から色の付いた光を出すということである。LEDはディスプレイやプロジェクタの光源として用いられることがあるが，これらの機器では光の3原色（赤，緑，青）の光源を使うため，色付きの光源は都合がよい。逆に，LEDは白色光を発光させることができない。白色LEDと呼ばれる製品では，光の3原色を出す三つのLEDを組み合わせたり，LEDによって蛍光体を光らせることで，白色を作り出している（2.1.3項参照）。LEDのもう一つの特徴は，電気を直接，光に変えるため，エネルギーに無駄が生じないことである。LEDは照明にも使われているが，蛍光灯よりも省エネになると言われている。蛍光灯では電気によって熱を作り，熱を使って発光させているため，熱として放出されてしまうエネルギーの分だけ効率が落ちている。省エネであることから，液晶ディスプレイのバックライトに白色LEDがよく用いられている。

　レーザダイオードも，LEDと同様に，順方向電圧を掛けたときに接合面で光を発生するものであるが，反射鏡によって光を増幅させる機構が付いている。レーザについては，2.4.5項で再度説明する。

2.3.3　トランジスタ

　トランジスタ（transistor）は，電流や電圧を増幅する機能や，ON/OFFを制御するスイッチング機能を持つ半導体素子である。トランジスタにはいくつかの種類があるが，主流であるMOSトランジスタについて説明する。**MOSトランジスタ**とは，metal oxide semiconductor field-effect transistor（**MOSFET**，金属酸化膜半導体電界効果トランジスタ）を省略した呼び方であり，

FETとは，電圧で制御するタイプのトランジスタのことである。FETは電極が三つあり，**ゲート**（gate），**ソース**（source），**ドレイン**（drain）と呼ばれる領域にそれぞれつながっている。自由電子をキャリヤとして用いるMOS-FETを **NMOS**，ホールを用いるものを **PMOS** と呼ぶ。**図2.14** に示すように，NMOSはシリコンのp型半導体基板を用い，その中にn型半導体の領域を作り，ほかの層を重ねることで作成される。NMOSでは，ソースとドレインがn型半導体であり，ソースとドレインの間はp型半導体が挟まっている。その真上にゲートがのっている。ゲートは絶縁体で隔てられているため，ゲートからソースやドレインへは電流が流れない。ゲートに正の電圧を掛けると，ゲートの真下のp型半導体領域に自由電子が集まり，ホールは遠ざかる。その結果，その領域がn型と同じような状態になってソースとドレインが電気的につながり，電流が流れる。これをスイッチがONの状態として用いる。ゲートに掛ける電圧を0や負にすると，ゲートの真下の領域の自由電子はいなくなり，ソースとドレインのつながりが切れ，電流が流れなくなる。これをスイッチがOFFの状態として用いる。

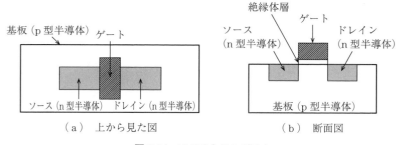

図2.14 NMOSトランジスタ

MOSとは，上から順に金属，絶縁体，半導体の三つを層状に重ねた構造のことであり，MOS-FETはゲートとその下の領域がMOS構造になっている。一番上の金属がゲートであるが，金属以外に，ポリシリコン（多結晶シリコン）もよく用いられる。ポリシリコンに大量に不純物を混ぜると電気抵抗率を下げることができ，金属を使うよりも製造が容易になるためである。絶縁体層

は二酸化シリコンが使われる。半導体層はシリコン基板であり，NMOSの場合はp型のSi半導体基板を用いる。PMOSの場合は，ソースとドレインがp型半導体であり，ゲート下の領域がn型半導体である。n型のSi半導体基板を用いるか，もしくはp型基板の中にn型領域を作成し，その内側にソースとドレインのp型領域を作成する。

CMOS（complementary MOS，相補型MOS）とは，同じ基板上にNMOSとPMOSの両方を組み合わせて作る回路のことである。NMOSやPMOSとは異なり，トランジスタの名前ではない。回路構成の工夫により，NMOSやPMOSだけの回路よりも消費電力を下げることができるという特徴があり，大規模な集積回路ではCMOSが用いられている。CPUをはじめとする多くのディジタル回路はCMOSで作られている。

2.3.4　イメージセンサ

イメージセンサ（image sensor）は光電変換をする回路であり，**撮像素子**とも言う。フォトダイオードが用いられることが多く，入射する光が明るいほど多くの電気を作る。少し細かく言うと，光は電磁波であると同時にフォトンという粒子であり，光の強さはフォトンの個数で表すことができる。光電変換は，**図2.15**のように，フォトンが1個飛んできてイメージセンサにぶつかると，中でフォトンが消滅し，自由電子が生成するという過程である。1個のフォトンによって1個の自由電子が作られることから，できた自由電子の個数を数えることで光の強さを知ることができる。イメージセンサの中には電圧か

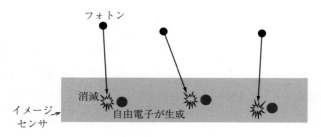

図2.15　光電変換

電流を測る回路が設けられていて，生成した自由電子の個数を数えている。

　イメージセンサは，隙間なく並んでいる多数の**画素回路**（pixel circuit）と，周辺回路から構成される。一つの画素回路はほぼ正方形であり，一般的には一つのフォトダイオードと数個のトランジスタから構成される。最も基本的な構造である3トランジスタ型では，フォトダイオード，増幅トランジスタ，リセットトランジスタ，選択トランジスタの四つで構成される。画素回路の大きさのことを**画素サイズ**（pixel size）と言うが，画素サイズはおもにフォトダイオードの大きさによって決まり，大きいほうがノイズが少ない画像が撮影できる。一つの画素回路で1画素の光の強さを測定し，画素回路の個数がカメラの解像度，つまり画素数になる。画素回路で得られるのは光の強さのアナログ値であり，周辺回路やその他の信号処理回路を経て最終的な画素値（ディジタル値）になる。

　画素回路の周辺部には光を当てない遮光された領域があり，**オプティカルブラック**（optical black）と呼ばれる。オプティカルブラックはノイズ量の測定に使われ，測定したノイズ量は，撮影画像のノイズ除去に使われる。カメラの仕様書などで使われる総画素数という用語は，オプティカルブラックを含んだすべての画素数のことを示しているので注意しよう。光を当てて撮影に使用する画素数，つまり総画素数からオプティカルブラックの領域を除いた画素数は有効画素数と示されている。最終的に記録される画像の画素数は，有効画素数よりもさらに小さくなることが多い。

2.3.5 AD　変　換

　イメージセンサで取得した電気信号は，電流や電圧といった連続値である。これをディジタル値として読み出すためには，アナログ信号をディジタル信号に変換する **AD 変換**（AD conversion）が必要である。AD 変換を行う回路のことを **AD コンバータ**（AD converter）と言う。イメージセンサには周辺回路にAD コンバータがあり，取得された各画素の明るさをディジタル値に変換している。AD コンバータはイメージセンサに限らず，さまざまな機器の中で用い

られる汎用的な回路である。反対に，ディジタル信号をアナログ信号に変換することを **DA 変換**（DA conversion）と呼ぶ。ディジタル信号が連続的な値を持つように変わるということではなく，電流や電圧の大きさに変えることである。DA 変換を行う回路を DA コンバータと言い，例えば映像ディスプレイの中で使われている。画素値によって光の強さを制御する際に，電流や電圧にする必要があるためである。

　AD コンバータにはさまざまな方式があるが，いずれの場合も比較器が用いられる。**比較器**（comparator）とは二つの電圧の大きさを比較して，その大小によって 1 か 0 を出力する回路素子であり，**図 2.16** の回路記号で表す。V_{in} に電圧を入力し，V_{ref} に設定した電圧と

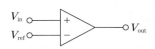

図 2.16　比較器の回路記号

比較する。V_{in} のほうが大きければ V_{out} から 1，そうでなければ 0 を出力するものである。AD 変換で行われていることのイメージをつかむために，各種方式の中から，例として逐次比較型のアルゴリズムを説明する。逐次比較型は V_{ref} に与える電圧値を 1/2 ずつ分割して**バイナリサーチ**（binary search）によって高速に変換する方式である[†]。入力値がとりうる最大電圧値を 1 とし，その 1/2，1/4，1/8，… の電圧を参照値としてあらかじめ用意する。アナログの電圧信号を標本化した後，比較器の V_{in} に入力する。

　まず V_{ref} に 1/2 の電圧を与え，比較する。

・V_{in} のほうが小さい場合：つぎに V_{ref} に 1/4 の電圧を与え，比較する。

・V_{in} のほうが大きい場合：つぎに V_{ref} に 1/2 と 1/4 を足した電圧（すなわち 3/4）を与え，比較する。

つぎに 3 回目の比較を行う。3 回目の比較の V_{ref} 値は，2 回目の比較で

・V_{in} のほうが小さい場合：2 回目の V_{ref} 値から 1/8 を引いた電圧とする。

・V_{in} のほうが大きい場合：2 回目の V_{ref} 値に 1/8 を足した電圧とする。

この手続きを繰り返し，必要なビット数になるまで比較を続けるというアル

---

†　バイナリサーチは探索アルゴリズムの一つであり，配列の中央の要素との比較を繰り返す方法である。

ゴリズムである。V_{out} から出力された信号を順に上位ビットから並べたもの
が，入力値をディジタルに変換した値となる。

2.3.6 SN 比

SN 比とは，信号雑音比，つまり雑音がないときの信号と雑音との比である。
signal to noise ratio の略であり，S/N 比や SNR と書かれることもある。ここ
で言う信号というのは，電流などの電気信号であったり，映像であれば画素値
の大きさであったり，映像機器間で通信する際に伝える情報であったりする。
そして SN 比は，計測機器であれば計測の性能を示し，映像機器であれば画質
の評価指標であり，通信機器であれば通信性能を示すものである。

このように広範な分野で使われるものであるが，一般に，SN 比の定義は以
下のとおりである。

$$\text{SNR} = 10 \log_{10} \frac{S}{N} \tag{2.4}$$

S と N は，信号とノイズの電力である。電気信号であれば，電流や電圧では
なく，電力に変換してから代入しないといけない。電力 P と電流 I，電圧 V
の間には，抵抗値を R として，$P = VI = V^2/R = RI^2$ の関係が成り立つため，
電流や電圧の2乗を代入しても同じ値が得られる。映像であれば，画素値の2
乗を代入する。SN 比は大きいほど雑音が小さいことを意味し，単位はデシベ
ル（dB）である。例えば，信号の電力がノイズの電力の 100 倍であれば 20 dB
であり，信号とノイズの電力が等しければ 0 dB となる。

2.4　映像機器のための光学

光学機器を構成する部品（レンズやミラーのほか，プリズム，光学フィルタ
など）のことを**光学素子**（optical device）と言う。本節では，これらの光学素
子の中から，映像機器によく用いられる部品の仕組みや使われ方について学
ぶ。

2.4.1 プリズム

まず**プリズム**（prism）であるが，分光するための部品であると思っている方が多いのではないだろうか。三角柱の形をしていて，太陽光を入射させると虹色の光が出てくるというものである。プリズムには，分光以外にも，光の進行方向を変える屈曲や，偏光の機能を持つものがある。映像機器の中では，プリズムは屈曲の目的で多く使われている。

図2.17（a）に示す**ペンタプリズム**（pentaprism）は，入射した光が90°曲がって外に出ていくように作られている。

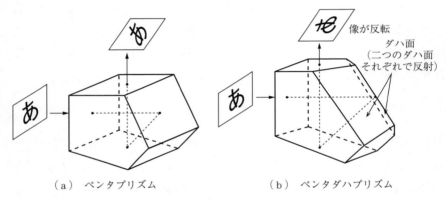

（a）ペンタプリズム （b）ペンタダハプリズム

図2.17 屈曲させるプリズムの例

図（a）において，左の面に垂直に光を入射させると，右上の面で**全反射**（total reflection）し，つぎに，下面で全反射して上面から出ていく。全反射とは，すべての光が外へ出ずに反射することである。1回反射するごとに画像の上下が反転するが，2回反射させることで元と同じ向きの画像になる。

また，図（b）に示すようなペンタプリズムの一つの面を屋根の形状にしたものを**ペンタダハプリズム**（roof pentaprism）と言い，一眼レフカメラのファインダに用いられることがある。屋根の形状を構成する二つの面は**ダハ面**（roof surface）と呼ばれ，直交するように作られている。

図（b）において，左の面に垂直に光を入射させると，右上の二つのダハ面で2回全反射し，その後，下面で全反射して上面から出ていく。ダハ面で2回

反射という部分を詳しく説明すると，入射する像の右半分は，まず奥側のダハ面で反射し，つぎに手前側のダハ面で反射し，下面に向かう。入射する像の左半分は，まず手前側のダハ面で反射し，つぎに奥側のダハ面で反射し，下面に向かうというものである。

ダハ面での1回目の反射で左右が反転し，2回目のダハ面での反射で上下が反転し，さらに，下面で再度上下が反転するため，全体として，左右が反転し上下は反転していない像を90°曲がった方向に出力する機能を持つ。

なお，ほかの変わった性質を持つプリズムとして，色の分解や合成を行う**ダイクロイックプリズム**（dichroic prism）がある。これは，反射面がダイクロイックミラーの特性を持つように作られているため，先にダイクロイックミラーについて説明する。

ダイクロイックミラー（dichroic mirror）は，一部の波長領域の光を反射し，残りの光を透過する鏡である。例えば，R反射ダイクロイックミラーは赤色光を反射してほかの色の光を透過し，B反射ダイクロイックミラーは青色光を反射してほかの色の光を透過する。映像機器でよく用いられるダイクロイックプリズムは，二つの反射面にRGBの異なる色の光を反射するダイクロイックミラーの特性を持たせている。これによって，白色光をRGBの3色に分解したり，RGBの3本の光を一本に合成したりすることができる。

2.4.2 偏 光

光は電磁波であり，電場と磁場の振動である。電磁波は横波であり，電場と磁場の振動方向は進行方向と垂直である。さらに，電場と磁場もたがいに直交している。光を電場の振動として表すと，**図2.18**のように通常の光（**自然光**，natural light）では，電場がさまざまな方向に振動している。光の性質はおもに電場によって決まるため，電場の振動方向だけを書いており，磁場の振動は省略している。図では3方向の振動しか示していないが，360°全方向の振動が混ざっているのが自然光である。

偏光（polarization）とは，自然光から一つの振動方向の光だけを取り出し

図2.18 自然光での
電場の振動方向

図2.19 直線偏光での
電場の振動方向

たものである。取り出された光の振動方向を**偏光方向**（polarization direction）と言う。偏光方向が一定の偏光を**直線偏光**（linear polarization）と言い，**図2.19**は水平方向だけに振動している直線偏光を示している。**偏光フィルタ**（polarization filter）は，特定の方向に振動した光だけを通過させ，それ以外の光を遮断するフィルタである。**図2.20**のように自然光の進行方向に偏光フィルタを置くと，一方向の振動の光だけが通過し，それ以外の光は遮断される。このようにして直線偏光を作ることができる。また，**図2.21**のように偏光フィルタの偏光方向と，入射する光の偏光方向とが直交するとき，光はフィルタに遮断される。光が通過しないのでフィルタを通して光を見ようとしても真っ暗である。このように偏光フィルタは，偏光を遮断する目的に使うこともできる。

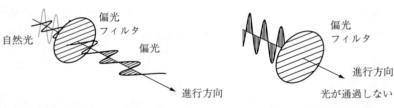

図2.20 偏光フィルタによる
直線偏光の作成

図2.21 直線偏光の遮断

偏光方向が一定ではなく，進行するにつれて回転する偏光を**円偏光**（circular polarization）と言い，**図2.22**のように右回りと左回りがある。偏光方向を一枚の面に書き表すと，進行方向に向かってねじれていくイメージである。円偏光を作るには直線偏光を用意し，それを波長板†に通すことで作成される。

---

†　直交する二つの偏光成分に対して光路長の差を与える光学素子のこと[6]。

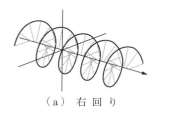
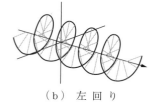

（a）右回り　　　　　　　（b）左回り

図2.22 円偏光

カメラが趣味の読者は，カメラ用の偏光フィルタを使ったことがあるかもしれない。カメラ用偏光フィルタは，反射光を抑制するために用いられる。反射光を抑えることで，水の色をより鮮やかに撮影したり，ガラスへの映り込みを抑えたりすることができる。このようなことができるのは，反射光の多くが直線偏光になっているからである。そのため，偏光フィルタの偏光方向を反射光の偏光方向と直交させると，反射光の多くを遮断することができる。

偏光は，眼鏡をかけて3D映像を見ることができる3Dテレビや，映画館で3D作品を投影する3Dプロジェクタなどで用いられている。これらの表示装置は，左眼に左眼用映像だけを見せ，右眼に右眼用映像だけを見せることで奥行きを知覚させている。表示する映像を偏光させておき，眼鏡に付けた偏光フィルタによって，左眼には右眼用映像を遮断し，右眼には左眼用映像を遮断するものである。

図2.23に3Dテレビにおける偏光の使われ方を示した。左眼用映像と右眼用映像は，偏光方向が90°の関係になるようにそれぞれ偏光させ，走査線の奇数番目と偶数番目とに分けて同時にテレビに表示している。眼鏡の左眼側には左眼

眼鏡で分離

右眼
左眼

図2.23 偏光方式3Dテレビ

用映像と同じ偏光方向の偏光フィルタを貼り，右眼側には右眼用映像と同じ偏光方向の偏光フィルタを貼っておく。このようにして，左眼に左眼用映像だけを見せ，右眼に右眼用映像だけを見せることができるようになる。この図では直線偏光を用いているが，頭を横に傾けたときに眼鏡の偏光方向と映像の偏光方向がずれてしまう場合がある。この問題はクロストークと呼ばれている。クロストークを避けるために，実際は直線偏光ではなく円偏光が用いられる場合が多い。

2.4.3 光学フィルタ

光学フィルタ（optical filter）は，目的の特性を持つ光だけを透過させる光学素子のことであり，赤外線カットフィルタや光学ローパスフィルタなどがある。**赤外線カットフィルタ**（infrared cut filter）は可視光線を通過させ，赤外線を遮断させる。例えば**図2.24**のような分光特性を持つ。イメージセンサは可視光線だけでなく赤外線にも感度を持つため，赤外線の強い環境で撮影すると，人の眼で見た映像とは色や明るさが異なってしまう。それを防ぐために，カメラには赤外線カットフィルタが付けられているものが多い。

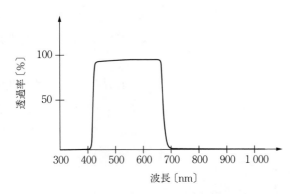

図 2.24 赤外線カットフィルタの分光特性の例

光学ローパスフィルタ（optical low-pass filter）は高い空間周波数の光を遮断するフィルタである。**空間周波数**（spatial frequency）とは，画像中の縞模様の細かさを示すものである。縞模様が細かいほど，空間周波数が高くなる。

ある解像度で表現できる最も細かい縞模様は，白の画素と黒の画素が1画素ごとに交互に並ぶものであり，この細かさのことを**ナイキスト周波数**（Nyquist frequency）と言う。ナイキスト周波数よりも細かい縞模様をイメージセンサで撮影すると，偽の太い縞模様が画像の中にできてしまう現象（**モアレ**（moire））が生じる。モアレを防ぐために，多くのカメラには光学ローパスフィルタが取り付けられており，細かい縞模様を除去している。

光学ローパスフィルタはおもに複屈折板で作られている[7]。複屈折というのは，光が二つに分かれて屈折する現象であり，二つの屈折率を持つ特殊な物質に光が入射したときに生じる。水晶は複屈折の性質を持ち，屈折板によく用いられる。複屈折板を通して見ると物が2重に見え，二つの像の距離は，複屈折板の厚みに比例する。細かい縞模様は，複屈折板によって縞模様の太さの半分だけずれた二つの光に分けると，白黒が反対の縞模様となる。その二つを重ねると縞模様を消すことができる。これが複屈折板によって高い空間周波数を消す仕組みである。

2.4.4 カラーフィルタ

カラーフィルタ（color filter）は白色光から特定の色を作り出すフィルタであり，光学フィルタの一つである。赤緑青の3色のカラーフィルタがカメラやディスプレイでよく用いられている。**図2.25**はカラーフィルタの分光特性の

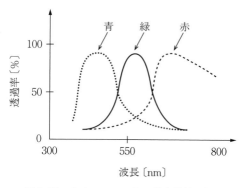

図2.25 カラーフィルタの分光特性の例

例である。赤緑青のカラーフィルタは，それぞれ，赤，緑，青の波長の光をおもに透過させ，それ以外の波長の光は遮断する性質を持つ。

映像機器では1画素ずつ異なる色が塗られたカラーフィルタがよく用いられる。図2.26（a）に示すように，カメラでは，ある行には赤緑赤緑…の順に，そのつぎの行には緑青緑青…の順に並べた**ベイヤ配列**（Bayer pattern）が主流である。ベイヤ配列で緑の画素がほかの色よりも個数が多いのは，緑は輝度信号への寄与が大きく，輝度を正確に得やすくするためである。ディスプレイでは，一つの列の画素にすべて同じ色を塗る**ストライプ配列**（stripe pattern）が主流である。図（b）に示すように赤緑青赤緑青…の順の縦縞模様であり，列間と行間はブラックマトリクスで区切られている。ブラックマトリクスとは，画素の境目に形成される光を遮断する領域である。ストライプ配列は縦線を鮮明に表示できる方式である。

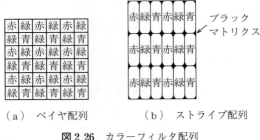

（a）　ベイヤ配列　　　　　（b）　ストライプ配列

図2.26　カラーフィルタ配列

2.4.5　レ　ー　ザ

レーザ光（laser light）は，夜空や暗い舞台の演出に使うレーザビームや，プレゼンテーションのときに使うレーザポインタで見たことがあるのではないだろうか。細くて明るい光を遠くまで照らすことができる。レーザ光は非常に特殊な性質を持ち，おもな特徴は三つである。一つは指向性が高いことである。レーザ光は一方向に向かって直進し，ほとんど広がらない平行な光である。このため，凸レンズ等で集光すると，小さな点に集中させることができる。小さな面積に集めることで，その点に与えるエネルギーが高くなる。二つ

目の特徴は波長が一定なことであり，これを**単色性**（monochromaticity）と言う。通常の光源はさまざまな波長の光が混ざっているが，レーザ光は一つの波長だけからなる。LED 光も波長が一定であるが，若干の幅がある。レーザ光は，LED 光よりも強い単色性を持つ。三つ目は，光の位相が揃っていることであり，これを**コヒーレンス**（coherence，可干渉性）と言う。

　レーザ光はレーザ発振器によって作られるものと，レーザダイオードによって作られるものがある。レーザダイオードは小型であることから，映像機器に多く用いられている。DVD やブルーレイは，レーザ光を使ってディスクへの記録と読取りを行う。レーザ光が小さな点に集中できることを利用したものである。また，レーザレンジファインダは，レーザ光を対象物に照射し，その反射光を受信することで距離や形状を測定する装置である。これは位相が揃っていることを利用したものである。最近では，プロジェクタの光源にレーザを用いることが増えている。レーザ光が明るいことを利用しており，レーザダイオードが長寿命であることもレーザが用いられる理由である。また，レーザ光を網膜に投影するヘッドマウントディスプレイも作られている。これは指向性を利用したものである。

2.5　映像機器の原理

　前節までに映像機器を構成する代表的な部品について説明した。本節では映像機器の中でそれらがどのように組み合わさっているかを見ていくことにする。

2.5.1　カ　メ　ラ

図 2.27 はカメラの中を横から見たものである。代表的な部品だけを描いている。被写体から来た光はレンズで集められ，奥にあるイメージセンサに届き，電気信号に変換される。フィルムのカメラではイメージセンサではなくフィルムを使っていたが，ディジタルカメラになって，フィルムがイメージセンサに置き換わった。というのは，知っている人が多いと思われるが，ディジ

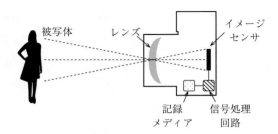

図 2.27 カメラの基本構造（横から見たもの）

タルになって変わったのは，それだけではない。信号処理回路と記録メディア
が追加された。これらがないと，ディジタルカメラは撮影できないのである。
記録メディアというのは，内部メモリや SD カードのことを指している。ま
た，信号処理回路ではさまざまな処理を行う。例えば画像のカラーの画素値の
生成，ホワイトバランスの処理，JPEG 形式への圧縮処理である。

　色情報を取得する方法の違いから，カメラは 3 板式と単板式に大別される。
3 板式（three-sensor type）は，**図 2.28** のようにイメージセンサが 3 個入って
いるカメラである[7]。R，G，B の 3 色を撮影するために異なるイメージセンサ
を使う。図の網掛けの部分はダイクロイックプリズムであり，レンズから入っ
た光を RGB の 3 色に分け，それぞれの色用のイメージセンサに入射させて撮
影する。イメージセンサを三つ使うため，本体が大きくなりやすいが，色を正
確に撮影しやすい方法である。

　単板式（single sensor type）は，イメージセンサ 1 個だけでカラー撮影をす

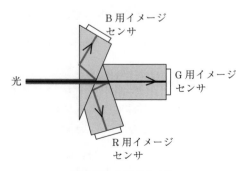

図 2.28 3 板式カメラ

るカメラであり，イメージセンサの上にベイヤ配列などのカラーフィルタが貼られている。**図 2.29** のように，イメージセンサで撮影された画像は，1 画素につき 1 色の情報しか持たない。まず，R だけ，G だけ，B だけの単色画像に分解する。それぞれの単色画像には，抜けている画素がある。つぎに，各単色画像において，抜けている画素の値を補間する処理を行う。この処理は**デモザイキング**（demosaicing）と呼ばれる。最後に三つの単色画像をまとめることでカラー画像が得られるという手順である。これらの処理は，カメラの中の信号処理回路の中で，ディジタル信号に変換された後に行われる。

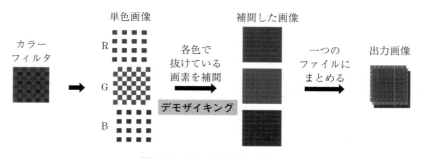

図 2.29 単板式の処理の流れ

ディジタルカメラのカテゴリとして，一眼レフ，コンパクトタイプ，ミラーレスの三つがある。一眼レフは，本体からレンズが取り外せるカメラである。さまざまなレンズを用意しておいて，目的に適したものに交換できる。一眼レフでは，レンズの像がファインダから直接見える。**図 2.30**（a）のように，撮影前の状態では，レンズから入ってきた光は，レフレックスミラーで反射しペンタプリズム（またはペンタダハプリズム）に入る。プリズムから出た後，ファインダの方向に光が飛んでいく。シャッターを押すと，図（b）のように，レフレックスミラーが跳ね上がり，光がイメージセンサに届いて撮影される，という仕組みである。

一方，コンパクトタイプは，レンズを取り外すことができない。また，ファインダ，ペンタプリズム，レフレックスミラーがないため，カメラ全体を小さくできる。レンズを通った光はイメージセンサにまっすぐ届くことになる。ミ

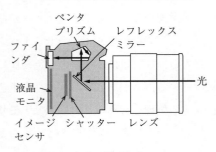

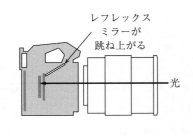

（a）撮 影 前   （b）撮 影 時

図2.30　一眼レフカメラ

ラーレスは，一眼レフと同じようにレンズを交換できるが，ファインダ，ペンタプリズム，レフレックスミラーはない。そのため，本体部分を小さくできる。コンパクトタイプと同様に，レンズを通った光はイメージセンサにまっすぐ届くことになる。

2.5.2　ディスプレイ

PCモニタやテレビなどのディスプレイは，現在は薄型のものが主流であるが，昔はブラウン管が使われていた。ブラウン管は，電子銃から電子線を出し，画面の内側に塗られた小さな点状のRGBの蛍光体に当てて光らせることで画像を作り出す。画像の各位置の明るさに従って電子線の強さを変えることで，画像の明るさや色が作り出される。電子線はコイルから発生する磁場によって曲げられ，画面を走査する。

薄型ディスプレイはおもに液晶ディスプレイと有機ELディスプレイの二つである。液晶ディスプレイは，各画素の光の透過率を液晶によって変化させることで画像を作り出す方式である。**液晶**（liquid crystal）とは，液体と固体の中間の状態を表す用語であり，結晶のように分子が規則正しく並んでいるものの，分子が少し動くことができる。液晶になることができる物質は，棒状や板状などの異方的な分子形状をしている。

図2.31に示すように，液晶ディスプレイは，液晶を2枚の偏光フィルタの

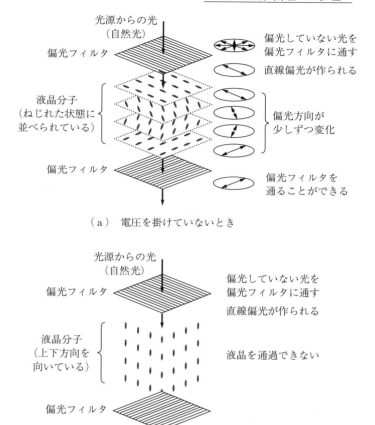

（a）　電圧を掛けていないとき

（b）　電圧を掛けたとき

図 2.31　液晶ディスプレイの構造と動作原理（TN 型液晶）

間に挟んだ構造になっている。2 枚の偏光フィルタは，偏光方向を直交させて
おき，そこに光源からの光を通す。偏光フィルタの間になにもないと，1 枚目
の偏光フィルタを通った光は，2 枚目の偏光フィルタで遮られる。液晶分子を
ねじれた状態に並べておくと，光の偏光方向が液晶分子の隙間を通りながらね
じれるため，2 枚目の偏光フィルタを通ることができる。液晶に電圧を掛ける
と，液晶分子が同じ方向を向き，ねじれがなくなるため，光は 2 枚目の偏光
フィルタを通ることができなくなる。電圧の大きさによって，液晶分子の向き

を連続的に変化させることができるため，画素値を作ることができる。これが液晶によって光の透過率を変える原理である。TN 型液晶を例として説明したが，液晶の配列が異なるほかの方式もある。

　色情報はカラーフィルタによって作られる。1 画素を 3 等分し，RGB を順番に並べたストライプ配列がおもに用いられる。各画素は同じ RGB の順番でカラーフィルタが並んでいるため，全体が縦縞模様となっている。各画素の各色に，それぞれ電極が付けられていて，電圧を制御する。

2.5.3　プロジェクタ

プロジェクタ（projector）の性能の中で重要な項目として，光出力と解像度がある。光出力は，**光束**（luminous flux）で表される。光束とは，単位時間当たりにプロジェクタから出る光の量であり，単位はルーメン（lm）である。プロジェクタの光は投写レンズを通して出力されるため，投写距離が長いほど投写画面サイズが大きくなり，投写面での明るさは低くなる。

　プロジェクタの方式にはおもに DLP 方式と液晶方式があり，ここでは DLP 方式について説明する[8)]。**DLP** とは digital light processing の略であり，Texas Instruments によって開発され，DLP は登録商標になっている。DLP では **DMD**（digital micromirror device）が使われている。DLP 方式プロジェクタの構成は**図 2.32** のように，光源から DMD に光を照射し，DMD に映像信号を入れて画像を作成する。DMD から反射した光として画像が得られ，それを投写レンズを通して投写するというものである。

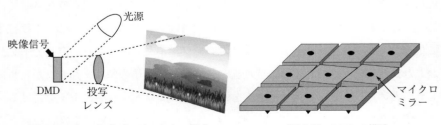

図 2.32　DLP 方式プロジェクタの構成　　　　図 2.33　DMD の構造

DMD は小さな鏡が並んだチップであり，画素の数だけ鏡がある（**図 2.33**）。この鏡のことを**マイクロミラー**（micromirror）と言う。マイクロミラーはそれぞれ傾けることができ，例えば +10° を ON 状態，-10° を OFF 状態と言う。ON 状態のときに，光源の光を投写レンズの方向に反射させる。OFF 状態のときは，光源の光を異なる方向にある吸収板に向けて反射させる。こうして，ON の画素の光だけが投写レンズを通るため，映像が作成されるが，ON と OFF だけであると白と黒の 2 値しか得られない。中間の明るさは，パルス幅変調（PWM）制御を利用し，光を反射する時間の長さで調整する。

　パルス幅変調（pulse-width modulation）は，1 フレームの時間を細かく区切り，ON にする時間の長さを調整する方法である。PWM で 256 階調を得るには，1 フレームの時間を 256 分割すればよい。1 フレームのうち，1/256 の時間だけ ON にすれば，1/256 の明るさが得られ，1 フレームの半分の時間だけ ON にすれば，128/256 の明るさが得られる。1 フレームの中で高速に ON と OFF が行われても，人間の眼には点滅が見えず，時間で平均した明るさとして認識されるためである。DMD は 10 μs 程度の時間で非常に高速に ON/OFF できるため，PWM を使うことができる。PWM は DLP に限らず，電力の制御などのためにさまざまな機器で用いられる方法である。

　DLP は色を表す方式の違いから，1 チップ方式と 3 チップ方式の二つに分けられる。1 チップ方式では，**カラーホイール**（color wheel）を用いてカラーの映像を作り出す。カラーホイールは，**図 2.34** のように RGB 3 色のカラーフィルタを円盤状に並べたものであり，円の中心を軸として回転することができる。図 2.32 の光源と DMD の間に，カラーホイールを設置し，1 フレームで 1 周回転するように制御する。3 色のうち 1 色だけが光源から来た光の通り道になるように設置し，通り抜けた光は RGB のいずれかになる。つまり，時分割で 3 色の光源を作り出し，DMD は 1 フレームの中で RGB の各単色画像を順に作り出す。その結果，赤の映像，緑の映像，青の映像が順に投写されることになるが，

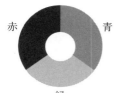

図 2.34　カラーホイール

これも人間の眼には色の切り替わりが見えず，時間で平均した色として認識される。PWM の説明で 1 フレームを階調数で分割すると書いたが，1 チップ方式では，1 色に割り当てられる時間は 1/3 フレームであるため，1/3 フレームを階調数で分割することになる。

3 チップ方式では，DLP を 3 枚用い，それぞれ R，G，B 画像を生成する。光源の光をダイクロイックミラーを使って，R，G，B に分解し，それぞれの光を別の DLP に入射する。三つの DLP が出力した三つの画像をダイクロイックプリズムで合成し，投写レンズに通すことでカラーの映像を作り出すことができる。

演 習 問 題

[2.1] 図 2.4 の等色関数は $\bar{x}$ のグラフが短波長部分で長波長部分とは別の小さな山を形成している。このことは図 2.1 にある錐体の分光感度特性グラフのどの部分に対応した結果と考えられるか。

[2.2] RGB の色域の種類として sRGB 以外になにがあるか，さらに各種ディスプレイ装置の色域がどれに準拠しているか，調査しなさい。

[2.3] X 線 CT 装置などで得られる医用画像はカラー画像ではない場合がほとんどである。その理由を考えなさい。

[2.4] 好きな映像機器を一つ選び，最新の製品の仕様を調べ，すべてを理解できるか確かめなさい。わからない用語があれば，それをさらに調べなさい。

3章

CG のための物理

　本章はコンピュータグラフィックス（CG）の各種技術の基盤となる物理について述べ，実際にどのように応用されているかを説明する。CG は 3 次元空間にある仮想的な物体モデルを画像として見えるようにする技術である。そのため，物理の分野の中でも特に光学現象に重点をおいて解説する。また，現実世界を忠実に模擬するために，物体の計測を行うことによってデータを取得する技術が実務では活用されている。物体の形状，光の反射，動きのそれぞれに関するデータ取得技術を紹介する。最後に，CG における動きを模擬するための剛体，弾性体，流体のそれぞれに関する力学モデルを紹介する。

3.1　幾何光学とディジタル画像
　　　ピンホールカメラ，投影変換，レンズ
3.2　光の反射モデル
　　　拡散反射，鏡面反射，レイトレーシング法（光線追跡法），屈折，配光特性，散乱，経路追跡法
3.3　計測技術
　　　レーザ，双方向反射分布関数，モーションキャプチャ
3.4　動力学
　　　速度，加速度，運動方程式，有限要素法，ばね-質点系モデル
3.5　流体力学
　　　ナビエ・ストークス方程式，格子法，粒子法，stable fluids 法

☞　CG 映像作成のために模擬される物理現象
☞　物体の見え方を CG で表現するための光学現象
☞　現実世界を計測するために使われている技術
☞　計算によって各種物体の動きを追跡するのに使われる物理法則

3.1　幾何光学とディジタル画像

本節では**コンピュータグラフィックス**（CG）の最も基礎的な概念の一つである**幾何光学**（geometric optics）について述べる。幾何光学は光の進行を直線として表現することを前提とする物理学の分野である。これに対比する用語は**波動光学**（wave optics）で，光源からの光は球面状に広がる波であるとして表現する。現実世界の見え方は幾何光学で説明できる現象がほとんどで，波動光学が必要となる現象は少ない。このため CG でも波動光学を用いることはまれである。幾何光学を理解することにより CG 技術の多くを理解する基本概念を修得できる。

3.1.1　ピンホールカメラと投影および撮影の原理

昼間の部屋を遮光カーテンで閉め切って真っ暗にした状態で，カーテンのわずかなすき間から外の光が入ってくる状況を考えてみよう。漏れた光はカーテンの反対側の壁を照らす。すき間が線状ではなく一つの小さな点状であれば，壁には外の景色がおぼろげに映し出される。この現象は幾何光学によって簡単に説明できる。

この現象を利用した写真技術が**ピンホールカメラ**（pin-hole camera）である。ピンホールカメラは密閉した箱の一方の薄い面の中央に小さな穴を開けた単純な構造である。その原理を**図 3.1** に示す。

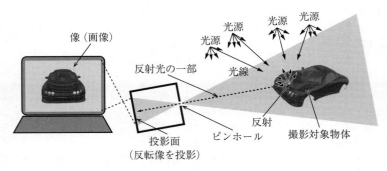

図 3.1　ピンホールカメラの原理

　幾何光学では光が光源から直線的に進行する**光線**（ray）であると仮定する。周囲に広がる光は，光源から多数の光線が放射状に伸びたものとして表現する。図 3.1 では光源からの光線の一部が物体に当たって**反射**（reflect）している。物体表面に当たった光線はほとんどの場合，その反射点から物体表面側のあらゆる方向に光線が広がって反射される。日常生活で物が見えるのは人間の眼が物体表面各点から反射され広がった光の一部を捉えているからである。

　ピンホールカメラの穴（ピンホール）は人間の眼に相当し，外界の物体が反射した多数の光のごく一部を捉えている。捉えられた光は穴を通過して箱の内部をそのまま直進し，穴の反対側の壁に当たる。

　壁表面の各点の立場に立ってみると，穴からの光以外は受けていない。つまり壁側の注目点は，そこから穴に向かう直線の延長線上にある物体表面点からの光だけを受けていることになる。壁のあらゆる点についてこの現象が起こっている。結果的に壁には外界の物体の様子が明暗の模様，つまり**像**（image）として映し出される。このように像をある面に映し出すことを**投影**（projection）と呼び，投影された壁の面を**投影面**（projection plane）と呼ぶ。

　もちろん穴を通った光は非常に弱いものである。しかし，壁のところに，光の強さと照射時間とに応じて細かく敏感に各場所が反応し変質する薬剤を塗布した板状のものを置いたとしよう。そこに一定時間だけ穴から光を入れることによって像を板の表面に化学的に写し取ることができる。

　これが**写真撮影**（photography）の原理であり，薬剤を塗布した板は**写真乾板**（photographic plate）と呼ばれた。その後，より薄くコンパクトな**フィルム**が同じ機能を果たし，現代の**ディジタルカメラ**（digital camera）では，光を捉えて電気信号に変換するセンサを多数配置した**イメージセンサ**（image sensor）が用いられる。

　ピンホールカメラよりも大きな穴で投影ができれば，多くの光を取り入れられるので少ない時間での撮影が可能である。大きな穴をレンズで覆うことにより，初期の写真機からこれが実現されていた。レンズについては 3.1.3 項で触れる。

3.1.2 投 影 変 換

ピンホールカメラの現象を模式化し，外界にある物体の像が投影される結果を計算によって求めることができる。これはまさに CG の**描画**（**レンダリング**，rendering）の原理そのものである。この原理は**ピンホールカメラモデル**（pin-hole camera model）と呼ばれる。

ここで言う外界の物体とはデータとして定義され配置された仮想的な幾何形状で，具体的には三角形情報である。物体は表面を多数の細かい三角形を貼り合わせたものとして構成し，実体は三頂点の (x, y, z) 座標を多数並べた**形状データ**（geometric data）として表現される。この形式は**ポリゴン曲面**（polygon surface）と呼ばれ，CG 表現で最も多く用いられる。

図 3.2(a)はポリゴン曲面で表現された物体モデルの描画例とその拡大図である。拡大された部分には各三角形が現れている。図(b)にはこの物体モデルを表現する形状データの一部を示す。左端の番号は行数で，各頂点（v）の xyz 座標と三角形（f）が何番の頂点で構成されるかが記述されている。

拡大

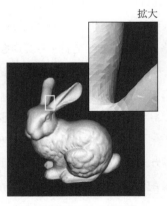

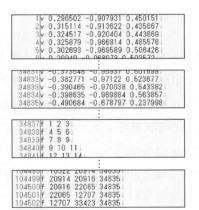

1	v	0.296502	-0.907931	0.450151
2	v	0.315114	-0.913622	0.435867
3	v	0.324517	-0.920404	0.443869
4	v	0.325879	-0.966814	0.485578
5	v	0.302693	-0.969589	0.506426

34831	v	-0.373548	-0.96937	0.501699
34832	v	-0.382771	-0.97122	0.523677
34833	v	-0.390465	-0.970038	0.543382
34834	v	-0.398635	-0.969884	0.563857
34835	v	-0.490684	-0.678797	0.237998

34837	f	1	2	3
34838	f	4	5	6
34839	f	7	8	9
34840	f	9	10	11
34841	f	12	13	14

104499	f	20914	20916	34835
104500	f	20916	22065	34835
104501	f	22065	12707	34835
104502	f	12707	33423	34835

（ a ） 物体モデルの描画例 　　　　　（ b ） 形状データの一部

図 3.2 ポリゴン曲面の物体モデルと形状データ

このような物体モデルをピンホールカメラモデルで投影する場合の模式図を**図 3.3** に示す。図(a)はピンホールカメラの構成を忠実に模式化したものであ

（ａ）　ピンホールカメラに忠実なモデル　　　（ｂ）　CG で使われる投影方式

図3.3　ピンホールカメラモデルによる投影

る。図（ｂ）は CG 描画で使われる投影方式である。これらは光学システムとして異なる構成であり，像の上下左右が反転するが，幾何学的には実質的に同じ投影結果をもたらす。

　ピンホールカメラモデルを用いて CG 描画を実行するには以下の各項目を確定させる必要がある（（１）〜（４）の基準は**ワールド座標系**と呼ばれる，デザイナーが定める原点と xyz 座標軸の設定を使用する）。

（１）　物体の配置

（２）　カメラ位置すなわち**視点**（viewpoint）

（３）　カメラ向きすなわち**視線方向**（viewing direction）

（４）　カメラ上向き（up vector）

（５）　カメラの**視野角**（field of view）

（６）　投影面の**アスペクト比**（aspect ratio，縦横比）

（７）　外界の区切り面（**クリッピング面**，clipping planes）

　投影の設定時は**視点座標系**（viewing coordinate system，**カメラ座標系**）を使用する。視点座標系は視点を原点とし，視線を z 軸方向にして，カメラ上向きを y 軸の正の向きとする座標系で，上記（２）〜（４）によって決定される。外界の三角形の各頂点データは投影処理の前にすべて視点座標系での (x, y, z) 座標に変換しておく。

　CG 処理で投影変換を行うには，**図3.4** に示すように物体の存在する外界を**視界**（**ビューイングボリューム**，viewing volume）で区切る必要がある。上記（５）の視野角と（６）のアスペクト比によって，カメラから視線方向を見たとき

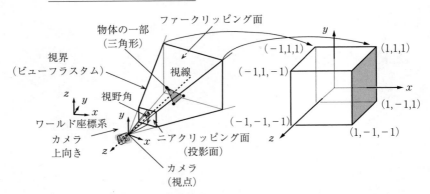

（a）　視点座標系（カメラ座標系）　　　　（b）　投影座標系（正規化デバイス
　　　　　　　　　　　　　　　　　　　　　　　座標系，クリッピング座標系）

図3.4　CG における投影変換

の上下左右の四つのクリッピング面は決定する。（7）では，視線に垂直な残り
二つのクリッピング面を決定する。これらはカメラ側から見て手前にある**ニア
クリッピング面**（near clipping plane）と遠くにある**ファークリッピング面**（far
clipping plane）である。

　投影変換は，視点座標系に設置する六つのクリッピング面で区切られた視界
の形状である四錐台（**ビューフラスタム**，view frustum）によって決定する。
幾何学的には投影変換はビューフラスタムの形状を立方体に変形するような変
換である。より具体的には立方体の中心が原点で，立方体の 8 頂点が（-1,
-1, -1），（1, -1, -1），（1, 1, 1）など 1 と -1 のすべての組合せで作られるよ
うな投影座標系あるいは**正規化デバイス座標系**（normalized device coordinate
system）を想定する。投影変換は視点座標系で表記された各頂点を正規化デバ
イス座標系での表記に変換するものである。

　視点座標系での頂点座標を $(x, y, z)^T$，正規化デバイス座標系での頂点座標
を $(x', y', z')^T$ とすると，同次座標の 4 次元ベクトルと 4×4 行列を用いて投影
変換の式は以下の式（3.1）のように定義される。

$$
\begin{pmatrix} x' \\ y' \\ z' \\ z_D \end{pmatrix} = \begin{pmatrix} \dfrac{2n}{r-l} & 0 & \dfrac{r+l}{r-l} & 0 \\ 0 & \dfrac{2n}{t-b} & \dfrac{t+b}{t-b} & 0 \\ 0 & 0 & \dfrac{-(f+n)}{f-n} & \dfrac{-2fn}{f-n} \\ 0 & 0 & -1 & 0 \end{pmatrix} \begin{pmatrix} x \\ y \\ z \\ 1 \end{pmatrix} \tag{3.1}
$$

ここで，n は視点からニアクリッピング面までの距離，f はファークリッピング面までの距離である。l，r，t，b は，残り四つの左右上下のクリッピング面の位置をそれぞれ表す x 座標または y 座標である。ニアクリッピング面上で考えると，左右のクリッピング面の位置は x 座標だけで決定され，l，r はそれぞれの x 座標である。同様に上下のクリッピング面は y 座標で決定され，t，b はそれぞれの y 座標である。視野角とアスペクト比が決まれば l，r，t，b の四つが計算できる。z_D は視点座標系における視点から当該頂点までの z 方向の奥行きの長さで $-z$ に等しい。

幾何学的には，式 (3.1) の結果を同次座標から 3 次元空間座標に戻し，$(x'/z_D, y'/z_D, z'/z_D)^T$ が正規化デバイス座標系に変換した後の点となる。この座標を見ると，元の点の視点から奥に行くほど分母の z_D が大きくなるので，座標値は小さくなる。遠くのものほど三角形の形は小さくなるように変換される。より厳密にはこのような投影変換は**透視投影**（perspective projection）と呼ばれる。透視投影でない投影変換は平行投影と呼ばれ，視界の形状が四錐台ではなく直方体となるような投影変換である。

投影変換の後，頂点の z 座標すなわち z'/z_D の計算結果は破棄され，残る $(x'/z_D, y'/z_D)$ が使用される。この座標は画面範囲を $[-1, 1]$ の範囲で正規化した三角形頂点である。これに対し**ビューポート変換**（viewport transformation）で上下左右の拡大処理を施すことにより最終的な CG 画面上での頂点座標（画素単位）を得る。

3.1.3 レ　ン　ズ

　現実世界の写真技術ではピンホールカメラではなくレンズのあるカメラを用いる。結像のために取り込める光量がピンホールカメラに比べて圧倒的に多く高品質の写真が撮影できるためである。一方，CGで結像をシミュレートして画像を生成するには3.1.2項で示したピンホールカメラモデルを用いる場合がほとんどである。

　本項ではCG技術でレンズモデルを使用する事例について述べる。各事例においてレンズのどのような物理的特性を技術に反映させるかを紹介する。

　はじめに，レンズの技術的観点からCGにおけるカメラモデルの分類を説明する。下のほうほど物理シミュレーションとして厳密なモデルとなる。

（1）　ピンホールカメラモデル

（2）　薄肉レンズの近似モデル

（3）　厚肉レンズの近似モデル

（4）　完全なレンズ系のシミュレーションモデル

　上記のうち，（1）のピンホールカメラモデルは3.1.1項で述べた。（2）の薄肉レンズの近似モデルはレンズの厚みがないと想定する一方で，レンズを通る光の進行は幾何光学に従う方式である。中学や高校で学んだ内容となる。

　薄肉レンズモデルは，CGにおいておもに焦点ボケの画像を意図的に生成する場合に活用される。被写体がくっきりと描画され背景をぼかすことにより高級なカメラで撮影したようなCG映像が得られる。このとき重要なのはレンズの大きさである。光学的には開口の大きさであり，これが大きいほど強い焦点ボケの効果が得られる。

　薄肉レンズの開口によるボケは，ピンホールカメラモデルでの描画に修正を加えることでしばしば実現される。基本的には視点位置を開口の範囲内で変えながら複数回画像を生成し平均をとる方式である。カメラからの距離のうち焦点距離を与え，つねにその距離では視界が固定の枠を通る条件を守りながら上下左右に視点位置を開口範囲内で変動させる。この効果は**被写界深度**（depth of focus, **DOF**）と呼ばれる。**図 3.5**(a)は被写界深度効果のための視点と視界

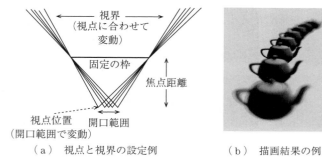

図3.5 被写界深度効果のための視点と視界の設定例と描画結果の例

の設定を2次元の模式図で説明したもので，図（b）は描画結果の例を示す。

　上記（3）の厚肉レンズモデルは，レンズ前面と背面との2か所での屈折を正確に模擬するモデルで，最初の研究は1995年に行われている[1]。薄肉レンズモデルでは再現できないレンズ収差の影響を考慮することができるため，映画制作分野のCGでは，厚肉レンズモデルが活用される場合がある。あたかも本物のカメラで撮影したかのような高品質なCG映像が必要な場合は各種収差効果が使用される。

　2000年以降，CG処理を行う専用チップであるGPUが進化を遂げ，リアルタイムCG技術が進歩した。厚肉レンズモデルに基づくレンズの各種効果も実現されている。図3.6（a）はゲーム開発のためのCG描画技術として開発された各種カメラレンズ効果である。レンズフレアは，絞り（開口範囲）の縁で生じる回折現象（3.2.9項参照）による光の広がりである。図（b）は累進焦点眼鏡レンズ設計支援システムによる焦点ボケ矯正シミュレーション例[2]である。

　レンズ系の完全なシミュレーションモデルは，CG制作で利用されることは少ない。一方で，映像生成こそ行わないが，工業製品におけるレンズ系設計では幾何光学に基づくレンズ系のシミュレーションが行われている。古くは手計算によって光の経路を求めていた。コンピュータによるシミュレーションも，**レイトレーシング法**（ray tracing，**光線追跡法**）と呼ばれる手法で実現されていた。設計中の正確な形状の複数レンズを配置したデータを用意し，要求する性能の結像（集光）ができているかを確認するものである。

（a） レンズフレア効果およびゴースト効果の実時間描画例

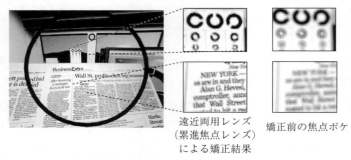

遠近両用レンズ
（累進焦点レンズ）
による矯正結果　　矯正前の焦点ボケ

（b） 累進焦点眼鏡レンズの設計シミュレーション

図 3.6　CG によるレンズ効果の例

　図 **3.7** はレンズ系設計技術者が使用する設計支援ソフトウェア LightTools の出力例で，カメラに入射した光線が多数のレンズによって屈折し，撮像用のイメージセンサ上に到達する様子が示されている。

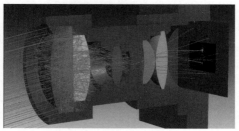

図 3.7　レンズ系設計のための支援ソフトウェアの出力例

3.2 光の反射モデル

物体表面に光を当てた際に表面上の1点がどのような明るさになるか計算することはCGで最も本質的な計算の一つである。そのための方法は**反射モデル**（reflection model）と呼ばれ，物体の材質条件に応じたさまざまな反射モデルが考案されている。本節ではまず基礎的な近似モデルである**拡散反射**と**鏡面反射**を紹介する。つぎに反射モデルを使用してCG画像を生成する代表的な手法としてレイトレーシング法を説明し，そこで用いられる完全鏡面反射と屈折について述べる。

3.2.1 拡散反射と鏡面反射の近似モデル

物体表面に光が当たる現象の最も基本的な分析では，表面上のある1点に注目し，光源として1点から発せられる点光源を想定し，光の伝搬は幾何光学の光線によって記述する。CGの場合はどこから見るかという情報も必要で，視点として1点を与える。そして，注目点に入射した1本の光線（入射光）が視点に向って反射する際の1本の光線（反射光）の強度を近似計算する。

図3.8は，**ランバート**（Lambert）**反射**あるいは**ディフューズ**（diffuse）と呼ばれる拡散反射と，**フォン**（Phong）**の反射モデル**あるいは**スペキュラー**（specular）と呼ばれる鏡面反射を示す。

図（a）は拡散反射の模式図で，反射光は注目点から物体外部に向かうあらゆ

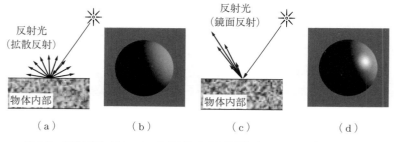

（a）　　　　　（b）　　　　　（c）　　　　　（d）

図3.8 拡散反射（ランバート反射）と鏡面反射（フォンの反射モデル）

る方向に均等の強度で反射する。拡散反射は表面に細かい凹凸がある材質を想定している。実世界では石膏やチョークが典型的な拡散反射の物体として知られている。

図（b）は拡散反射の材質でできた球をある視点から CG 描画した例である。点光源は視点から見て球の右向きの無限遠にある。

図（c）は鏡面反射の模式図で，特定の向きを中心に反射し[†]，それ以外の向きの強度はほぼ0である。最も強い向きは光線が完全鏡面反射となる向きである。スペキュラーの反射光は物体全体を見たときにはごく一部の領域が明るくなる**ハイライト**（highlight）と呼ばれる現象が CG 描画結果に現れる。図（d）は図（b）と同条件の光源で拡散反射に加えて鏡面反射を実行した例である。

ここで無限遠にある点光源からの平行光線を想定する。注目点に到達した拡散反射強度 I_{diffuse} は

$$I_{\mathrm{diffuse}} = I_L \cos \theta = I_L(\mathbf{N} \cdot \mathbf{L}) \tag{3.2}$$

によって与えられる。これは**ランバートの余弦則**（Lambert's cosine law）と呼ばれる。ここで θ は入射角で，注目点から光源に向かう単位ベクトル $\mathbf{L}$ と注目点における物体法線 $\mathbf{N}$ とのなす角として計算する。I_L は光源から注目点に向かう**放射強度**（radiant intensity）で，通常は CG デザイナーが設定することになる。点光源からあらゆる向きに同じ強度で光が放射すると想定する場合は I_L は注目点の位置にかかわらず一定値とすることができる。向きによって放射強度が異なる光源については 3.2.4 項で触れる。

点光源が無限遠でない場合，点光源から注目点までの距離 d が影響する。点光源から直線的に広がる任意の光束の断面に着目すると，光源からの距離が2倍になれば断面の面積は4倍になる。つまり単位面積当たりの光量は 1/4 となり，強度 I_L は距離 d の2乗に逆比例することになる。つまり，拡散反射強度は

[†]　CG 分野で鏡面反射と言う場合はこのように反射光が少し広がるケースを指す。これに対して実際の鏡のように反射光が一つの向きだけに向かうケースは**完全鏡面反射**と呼ぶ。

$$I_{\mathrm{diffuse}} = \frac{I_L(\mathbf{N}\cdot\mathbf{L})}{d^2} \tag{3.3}$$

となる。放射強度 I_L は点光源から距離 1 の注目点で垂直面が受ける光の強度に等しいことがわかる。

　鏡面反射の強度 I_{specular} は

$$I_{\mathrm{specular}} = \frac{I_L(\cos\alpha)^s}{d^2} = \frac{I_L(\tilde{\mathbf{L}}\cdot\mathbf{V})^s}{d^2} \tag{3.4}$$

として計算する。ここで，$\tilde{\mathbf{L}}$ は，注目点から完全鏡面反射となる出射光の向きを表す単位ベクトル，$\mathbf{V}$ は注目点から視点に向かう単位ベクトルである。α は $\tilde{\mathbf{L}}$ と $\mathbf{V}$ とのなす角である。s は**光沢**（shininess）と呼ばれるべき乗の係数で，1 よりも大きい数を設定する。s の値が大きいほど図 3.8（d）で例示したハイライトの領域は小さくなる。数式においても $(\cos\alpha)^s$ の項が 0.5 に落ちる角度は，$s=1$ の場合 $\alpha=60°$ なのに対し，$s=10$ の場合 21° で，$s=50$ の場合 9.5° となる。

　CG モデルの材質では拡散反射，鏡面反射のほかに，**アンビエント**（ambient）と呼ばれる環境光反射，**エミッション**（emission）と呼ばれる発光成分が反映される。アンビエントの強度 I_{ambient} は，特定の点光源から別の物体に当たった光が注目点に集まって照らす間接照明を非常に大まかに近似した定数としてデザイナーが設定する。エミッション I_{emission} は注目点の物体が自ら発光する強度を設定する。

　リアルタイムレンダリングでの材質の反射モデルの実務ではデザイナーはさらに反射係数を設定する。したがって，注目点における反射光強度 I は

$$I = k_a I_{\mathrm{ambient}} + k_d I_{\mathrm{diffuse}} + k_s I_{\mathrm{specular}} + k_e I_{\mathrm{emission}} \tag{3.5}$$

となる。k_a, k_d, k_s, k_e はそれぞれアンビエント（環境），ディフューズ（拡散），スペキュラー（鏡面），エミッション（発光）の反射係数である。

　本項で示した拡散反射と鏡面反射のモデルは物理則としてはおおまかな近似モデルであるが，CG 制作では古くから広範に利用されている。一方で，物理的により正確な反射を CG で扱うためのモデルとして，金属やプラスチックの

光沢を模擬した **Cook-Torrence のモデル**[3)] と**フレネル反射**がある。

　より正確な反射は，3.2.6項で述べるレンダリング方程式および経路追跡法によって実現する。より正確な計算は時間が掛かるため，これらは CG 画像一枚ずつに生成時間を掛けることのできる映像制作で使用される。物理ベースレンダリングの一部は現在ではリアルタイムでも実現可能になっている。

3.2.2　レイトレーシング法

　本項では CG 制作で最も利用される手法の一つである**レイトレーシング法**（**光線追跡法**）について述べる。3.1 節の最後に示したとおり，もともとレイトレーシングはレンズ設計のために開発された手法である。この手法を CG 画像生成に応用したのが Turner Whitted である[4)]。

　基本的な考えは，CG モデルを配置した仮想空間内に光源と視点（カメラ）と投影面を設定し，視点から投影面各画素に向け半直線を発するというものである。この半直線を**レイ**（ray，光線または視線）と呼び，レイがどの物体と交差するかを探索する。見つかった交点のうち最も視点に近い**可視点**（visible point）における物体表面の輝度を計算し，当該画素の輝度とする。**図 3.9**(a) はレイトレーシングの模式図である。図(b)は描画結果の例で，三角形 2 枚

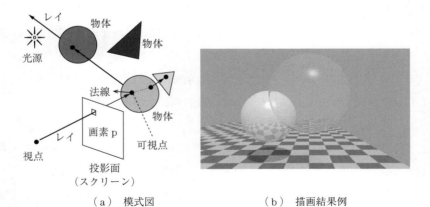

（ a ）　模式図　　　　　　　　　（ b ）　描画結果例

図 3.9　レイトレーシングの模式図と描画結果例

でできた床と二つの球を表示している[†1]。

　レイトレーシング法を使えば，直線との交点計算が可能な幾何学的図形はすべて描画可能ということになる。球や円柱などの2次曲面は，対象曲面の式とレイの方程式との連立方程式を解くことで交点を直接求める。

　実務的に広く使われるのは三角形とレイとの交点計算である。まず三角形の属する平面とレイとの交点を連立方程式によって求め，つぎにその交点が当該三角形の内部に位置するかを判定する。交点の三角形内外判定は，交点から3頂点へのベクトルについて二つずつの外積ベクトルを計算して行う。それら三つの外積ベクトルの向きが同じであれば，交点は三角形内部にあると判定できる。

　平面との交点計算を行わず計算量を減らした手法もある。三角形の1頂点を原点，そこからの2辺とレイの方向ベクトルとを座標軸とする座標系にレイを変換して交点を求める方法[5]が知られている。

　交点のうち視点に最も近い可視点を求め，可視点における物体表面の輝度を計算する。これは以下の計算結果の総和として求めることができる。

（1）　各光源に対する拡散反射計算

（2）　各光源に対する鏡面反射（ハイライト）計算

（3）　完全鏡面反射方向の輝度の転写

（4）　屈折方向の輝度の転写

　上記（1），（2）は3.2.1項で説明した手法である。（3）の完全鏡面反射を行うのであれば材質は拡散反射も鏡面反射も行わない[†2]はずであるが，明らかに現実感を損ねない範囲でこれらをいくぶん加味するようなCG作品の制作は一般に行われている。

[†1]　巻末の引用・参考文献4）で例示された結果画像の物体構成と同様のデータを作成して独自のレイトレーシングプログラムで表示した結果である。

[†2]　表面に透明なコーティングを施した特殊な材質では，完全鏡面反射に加え，拡散反射，ハイライトを伴う鏡面反射が混在する。自動車のボディなどのクリアコートが代表例で，内部に高反射率の微小なフレーク材を混ぜることによりこれらの反射輝度の比率を制御し，ボディ表面の高級感を演出している。

レイトレーシングの最大の特徴は，つぎの 3.2.3 項で述べる物体の完全鏡面反射と屈折を反映した CG 描画である。視点から各画素に向けて発するレイは**一次レイ**（primary ray）と呼ばれ，一次レイが交差した可視点の物体が完全鏡面反射する設定であった場合，可視点から鏡面反射方向に**二次レイ**（secondary ray）を発する。そして一次レイのときと同様に物体との交差判定を用いた探索により可視点が見つかる。その可視点の輝度は反射場所である一次レイの可視点の輝度に転写される。

　物体が透明である場合，光は物体表面で屈折して内部に入り込む。この場合は屈折方向を計算して二次レイを発することになる。

　さらに，影の効果も**影レイ**（shadow ray）を発することによって計算できる。仮想空間に与えられた点光源に向けて可視点から影レイを発する。もし影レイがいずれかの物体に交差し，その交点が当該光源よりも手前にあると判定されれば，元の可視点はその光源に対しては影の中にあることになる。その場合，上記計算の（1）と（2）はその光源については行わない措置をとる。

　レイトレーシングが優れている点は，一次レイも二次レイ（あるいはそのさらに先のレイ）も影レイもすべて同じ物体探索機能を使ってプログラムで記述できることである。

　一方で，物体探索は対象シーン中に配置された多数の基本図形（球，三角形等）とレイとの交点計算を各画素について毎回行う。この計算に多大な処理時間を要する点がレイトレーシングの欠点である。探索する基本図形を絞り込む高速化手法として，シーン空間を分割して二分木構造を構築する **kd ツリー**（kd-tree）や，シーン中の部品の階層構造を利用する **BVH**（bounding volume hierarchy）がよく使われる。シーン中の物体位置や形状の変更がない場合は kd ツリーが，変更が多い場合は BVH が効率的である。

3.2.3　完全鏡面反射と屈折

　本項ではレイトレーシングの最大の特徴である完全鏡面反射（本項では単に反射と呼ぶ）と屈折について，レイのベクトルの向きを求める方法を述べる

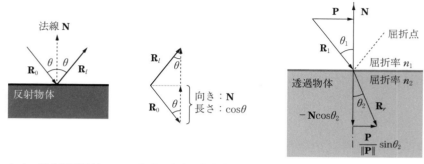

（a） 完全鏡面反射　　（b） 完全反射方向の計算　　（c） 屈折方向の計算

図3.10 反射方向と屈折方向の計算

（反射，屈折については1.2.3項参照）。**図3.10**は反射と屈折のそれぞれについて，その前後のレイを表す単位ベクトルを示した模式図である。

図（a）において，$\mathbf{R}_0$は反射前の，$\mathbf{R}_l$は反射後のレイをそれぞれ表す単位ベクトルである。単位ベクトル$\mathbf{N}$は交点（反射点）における物体表面の法線ベクトルである。角度θは$\mathbf{R}_0$の入射角であり$\mathbf{R}_l$の出射角（反射角）でもある。図（b）のように$\mathbf{R}_0$と$\mathbf{R}_l$の始点が一致するように平行移動させると，$\mathbf{R}_l - \mathbf{R}_0 = 2\mathbf{N}\cos\theta$が成り立つ。一方で，入射角$\theta$に着目すると$\cos\theta = \mathbf{N}\cdot(-\mathbf{R}_0) = -\mathbf{N}\cdot\mathbf{R}_0$である。したがって，反射後のレイは視点が反射点で向きが

$$\mathbf{R}_l = \mathbf{R}_0 + 2\mathbf{N}\cos\theta = \mathbf{R}_0 - 2\mathbf{N}(\mathbf{N}\cdot\mathbf{R}_0) \tag{3.6}$$

となる。

図（b）に示す屈折計算の例では，**屈折率**[†]（refractive index）が入力条件として必要となる。屈折率は，空間の一部を占める物質としての**媒質**（medium, media）が持つ固有の物理量であり，その媒質を通る光の速度が真空中の光速度の何倍だけ遅いかを示す無次元の数値である。光を通す媒体，例えば空気や水やガラスなどの屈折率を**表3.1**に示す。

屈折計算の基礎となるのは**スネルの法則**（Snell's law）である。スネルの法

[†] 1.2.3項で絶対屈折率と呼んでいるものをここでは単に屈折率と呼ぶことにする。

表3.1　おもな物質の屈折率

物　質	真空	空気 (0°C)	水	氷 (0°C)	エタノール	パラフィン油	石英ガラス(18°C)	ダイヤモンド
屈折率	1	1.000252	1.333	1.309	1.3618	1.48	1.46	2.4195

注)　温度指定のない物質は20°C　　　　　〔理科年表（2020）[6]のデータを基に作成〕

則は以下の式（3.7）によって表される。

$$\frac{\sin \theta_1}{\sin \theta_2} = \frac{n_2}{n_1} \tag{3.7}$$

ここで，θ_1 および θ_2 はそれぞれ入射角と出射角（屈折角），n_1 および n_2 はそれぞれ入射側と出射側の媒質の屈折率である。

図 3.10(ｃ)に示すとおり，$\mathbf{R}_1$ を屈折前の入射ベクトル，$\mathbf{R}_r$ を屈折後の出射ベクトル（いずれも単位ベクトル）とすると，$\mathbf{R}_r$ は以下の式によって求められる。

$$\mathbf{R}_r = -\mathbf{N}\cos\theta_2 + \frac{\mathbf{P}}{\|\mathbf{P}\|}\sin\theta_2 \tag{3.8}$$

ここで，$\mathbf{N}$ は屈折点における法線ベクトル，$\mathbf{P}$ は $\mathbf{R}_1$ の始点から法線 $\mathbf{N}$ に向けて下ろした垂線のベクトルで $\mathbf{P} = \mathbf{R}_1 + \mathbf{N}\cos\theta_1$ である。内積の定義から $\cos\theta_1 = -\mathbf{R}_1 \cdot \mathbf{N}$ であり，スネルの法則から $\sin\theta_2 = (n_1/n_2)\sin\theta_1$ が求まり，三角関数の基本式から $\cos\theta_2 = \sqrt{1-\sin^2\theta_2}$ および $\sin\theta_1 = \sqrt{1-\cos^2\theta_1}$ が計算できる。

もし，例えば水から空気に向けてレイが屈折する場合のように，入射側の媒質の屈折率が出射側よりも大きい場合（$n_1 > n_2$）は注意が必要である。入射角 θ_1 が 90° に近い場合 $\sin\theta_2 = (n_1/n_2)\sin\theta_1$ の値が 1 を超え，θ_2 が存在しない可能性がある。この場合は**全反射**（total reflection）という現象が起き，レイは空気側に出射せず水の中に向けて反射する。

3.2.4　配 光 特 性

3 次元 CG の描画を行う場合，視点および描画対象となる形状モデルのほかに**光源**（light source）を設定する必要がある。3.2.1 項では，最も単純な点光源あるいは無限遠の位置にある点光源からの平行光線を想定して拡散反射や鏡

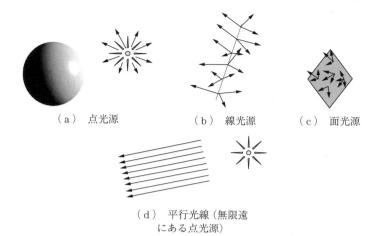

（a） 点光源　　　　　　（b） 線光源　　　　（c） 面光源

（d） 平行光線（無限遠
にある点光源）

図 3.11　CG で設定される光源形状の種類

面反射を論じた。光源の形状による分類では，**図 3.11** に示すように点光源以外に線光源，面光源が 3 次元 CG で用いられる。実務的には線光源と面光源は多数の点光源を配置することによって近似する場合が多い。本項では光源が発する光の放射強度に着目点するが，光源形状は点光源を想定する。

　図 3.11 では，光源からはあらゆる向きに同じ強度で光が放射されるという前提で模式的に矢印を描いている。光の放射に限らず，このように物理的性質が向きによって変わらず同じであることを一般に**等方性**（isotropy）と言う。現実世界でも，太陽の光の放射は等方的（isotropic）であるし，蛍光灯のように光を拡散させるガラスで囲まれた光源は表面各点から等方性の光の放射があると考えてよい。

　等方性の対語は**異方性**（anisotropy）である。光源の場合は向きによって違う強度の光を発するようなものということになる。**スポットライト**（spot light）は特定の向きとその周辺に対して強く放射し，それ以外に対しては光が放射されない光源である。現実のステージでの演出に用いられるのと同様，CG 作品でもスポットライトはしばしば用いられる。

　CG 制作におけるスポットライトの設定は，光源位置を頂点とする円錐形状

によって定められる。円錐の中心軸の方向ベクトルを指定し，光源を通り円錐側面に沿った直線と中心軸とのなす角を指定する。空間内の任意の注目点について円錐の内外いずれに位置するかの判定ができる。外側であればその点はスポットライトによって照らされないことになる。内側であれば3.2.1項で述べた反射モデルの処理を行う。光源から注目点に向かう直線と中心軸との角度が大きくなるにつれて放射強度を減衰させる設定を行う場合もある。

　複雑な異方性を持つ実際の光源の例として自動車のヘッドランプがある。例えば，運転席から見て左寄りの歩行者に向けては強く照らし，右寄りの対向車に向けては弱くなるように作られている。

　照明工学においては，特定の照明器具が向きによって発する光の強度がどう異なるかを示す**配光特性**（light distribution）を計測しグラフ化することが行われる。**図3.12**は配光特性の例である。計測した配光特性の数値データに基づいてCGにより照明効果を再現する検証は，照明器具の設計や建築設計などで実際に行われている。

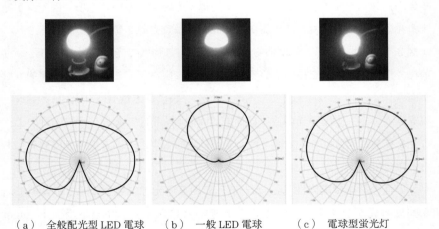

（a）　全般配光型 LED 電球　　（b）　一般 LED 電球　　（c）　電球型蛍光灯

図3.12　光源の配光特性の例
〔提供：沖エンジニアリング株式会社〕

3.2.5　光の散乱と吸収

直進する光が異なる物体との境界面に達した際，拡散反射，鏡面反射，完全鏡面反射，そして屈折によって進行の向きが折れ曲がることはすでに述べた。ここでは単一の物体内部で生じる散乱と吸収について説明する。ここで言う物体は，固体，液体，気体のいずれにも相当するものである。内部で光の散乱や吸収を生じさせるこのような物体を**関与媒質**（participating media）と呼ぶ。

散乱（scattering）は，関与媒質を構成する微粒子（分子や水滴など）に光が当たった際に別の進行方向に折れ曲がる現象である。**吸収**（absorption）は，やはり粒子によって当たった光が弱まる現象である。この際に失われたエネルギーはおもに熱に変換される。熱は分子や原子の微少な振動であり，光が弱まる代わりに当たった粒子の振動がその分強くなると考えることができる。

散乱の例を挙げると，空が青く見えたり夕焼けがオレンジに見えたりする現象は空気中の光の散乱が原因である。海中で色が青みを帯びて見える現象も同様である。**図 3.13** は大気圏外から地球の地平線を観察した想定の画像である。図（a）は参照画像で，実際に宇宙飛行士が撮影した写真の拡大図であり，図

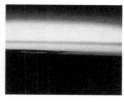

（a）　宇宙船からの実写撮影画像

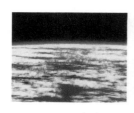

（b）　レンダリング結果

図 3.13　宇宙からの撮影画像と大気の散乱を考慮したレンダリング結果との比較[7]
〔提供：西田友是（プロメテック CG リサーチ）〕（口絵 4 参照）

（b）は空気の散乱を考慮したレンダリング結果である[7]。図（a），（b）それぞれについて，左は太陽と同じ側から見た地球の地平線で，右は太陽が地球の反対側にある場合に見える地平線である。

散乱により色が変化するのは，光の波長に依存して散乱の度合いが異なるという物理的事実に起因している。光の波長（400〜700 nm）よりも1桁以上小さい直径の粒子による散乱現象は**レイリー散乱**（Rayleigh scattering）と呼ばれる。レイリー散乱は光の波長の4乗に逆比例してその散乱光強度が大きいという性質がある。空気分子（酸素分子および窒素分子で直径0.36〜0.38 nm）はレイリー散乱を起こすため，波長の短い青い光が強く散乱される。空を通る太陽光のうち青い光が地上に降り注ぐのはレイリー散乱のためである（1.2.3項の図1.5参照）。波長の長い赤い光は直進する割合がほとんどとなる。

空気の層を長く通った光は青の成分をレイリー散乱により失い赤の成分が残る。夕焼けは，空気の層を長く横切った結果の赤い光が空中や雲の水滴（光の波長よりも十分大きい）による**ミー散乱**（Mie scattering）を起こして眼に入る現象である。ミー散乱は波長に依存せずあらゆる可視光を同じように散乱させる現象で，入射光の色が変化せず出射光となる。

光が粒子に当たって散乱する際にどの向きに折れ曲がるかは散乱位相関数によって決まる。散乱位相関数は単に**位相関数**（phase function）とも呼ばれる。位相関数は前述の配光特性やBRDF（3.3.2項参照）と同様，角度を入力変数として散乱光の強度を与えるものである。

図3.14 は左から右に向けて入射する光の位相関数を平面上で模式的に示したものである。図（a）はレイリー散乱の位相関数，図（b）はミー散乱の位相関

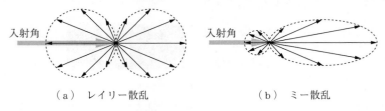

（a） レイリー散乱   （b） ミー散乱

図3.14 位相関数の例

数の模式図である。入射光の進行の向きと同じ側への散乱は**前方散乱**（forward scattering），逆向きの側への散乱は**後方散乱**（backward scattering）とそれぞれ呼ばれる。レイリー散乱は前方と後方に同じような特性で散乱を生じ，ミー散乱は前方散乱が支配的である。

　固体の場合の散乱現象を考えてみよう。固体も半透明物体であれば内部で光が散乱する。CG でも現実でも固体内部に視点を置く場合はまずなく，外部から固体表面を見ることが一般的である。また半透明の固体は透明度が小さいのが一般的である。このような理由で，半透明の固体では光が入射した表面に近い部分での散乱が重要である。これは特に**表面下散乱**（subsurface scattering）と呼ばれる。

　大理石や人間の肌，魚介の刺身などは典型的な表面下散乱を起こす物質である。液体でも透明度の小さい牛乳やジュースは表面下散乱を示すことが知られている。表面下散乱をシミュレートする CG 技術により，人物の顔における肌のレンダリングの本物らしさが向上した。

　当初は表面下散乱の画像生成には処理時間が必要であったが，近年はゲームにも対応する実時間レンダリングとして実現された。表面下散乱効果の有無による顔の実時間レンダリング結果の違いを**図 3.15** に示す。

（a）　表面下散乱なし　　（b）　表面下散乱あり　　（c）　最終作品

図 3.15　顔の実時間レンダリング結果の例（口絵 5 参照）
〔提供：シリコンスタジオ株式会社 ©Silicon Studio Corp., all rights reserved.〕

光の吸収（absorption）の例として氷の見え方を紹介する。氷山や氷河のような巨大な氷が青みを帯びて見えるのはなじみ深い現象である。これは氷によ

る光の吸収度合いが波長によって異なることに起因している。

　純氷は透明度が高く散乱はほとんど起こらないため，内部を通る光は直進する。一方で長い距離を直進した光は吸収されて弱まっていくが，その弱まり方が光の波長によって異なる。**図 3.16** は純氷による光の吸収特性[8]を示す。5 m の進行により赤い光は 90 ％以上が吸収されるのに対し，青や紫の光はほとんど吸収されないことがわかる。

　図 3.17 はこの吸収特性をもとに純水でできた想定の CG モデルをレンダリ

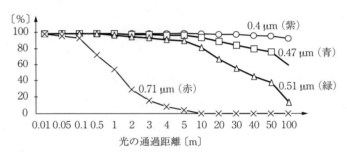

図 3.16　純氷による光の吸収特性〔文献 8) に基づいてグラフを作成〕

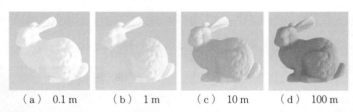

（ a ）　0.1 m　　　（ b ）　1 m　　　（ c ）　10 m　　　（ d ）　100 m

図 3.17　純氷のウサギモデルの幅による吸収特性の違い（口絵 6 参照）

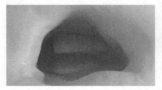

（ a ）　レンダリング結果　　　（ b ）　側面の形状　　　（ c ）　側面のレンダ
　　　　（口絵 7 参照）　　　　　　　　　　　　　　　　　　　リング結果

図 3.18　純氷の洞窟モデル

ングしたシミュレーション結果である。形状モデルの幅のおおよその長さを示
してある。**図3.18**(a)は純水の洞窟モデルで図(b), (c)はその側面図であ
る。なお，図3.17, 3.18において図3.18(b)を除く結果は，太陽を想定して
白昼光の分光特性を持つ光源を使用している。

3.2.6 レンダリング方程式と経路追跡法

3.2節でこれまで述べた光の振舞いのうち，物体表面の1点 **x** における特定
の向き ω_o への反射（出射光）強度 L_o を統一的に説明する CG の理論式として
レンダリング方程式（rendering equation）が知られている[9]。レンダリング方
程式は，3.2.1項で示したデザイナー設定のための近似モデル式（3.5）を物
理則により忠実にしたもので，以下の式（3.9）のようになる。

$$L_o(\mathbf{x}, \omega_o) = L_e(\mathbf{x}, \omega_o) + \int_S f(\mathbf{x}, \omega_i, \omega_o) L_i(\mathbf{x}, \omega_i) (\omega_i \cdot \mathbf{N}) \, d\omega_i \qquad (3.9)$$

ここで，**図3.19** に示すように ω_o は注目点 **x** から視点に向かう単位ベクト
ルである。L_e は物体が自ら光を発する場合の放射強度で，式（3.5）で示す
$I_{emission}$ に相当する。$f(\mathbf{x}, \omega_i, \omega_o)$ は注目点 **x** における BRDF で，ω_i は光源に向
かう単位ベクトル，ω_o は視点に向かう単位ベクトルである。ここで言う光源
は明示的な光源とは限らずあらゆる間接光を含む入射光を指す。ω_i は3.3.2
項で説明する BRDF の式での θ_i, φ_i に相当し，ω_o は θ_o, φ_o と等価である。L_i
は向き ω_i からの実際の入射光強度，**N** は点 **x** における物体の法線ベクトルで
ある。$\omega_i \cdot \mathbf{N}$ の項はランバートの余弦則を表し，式（3.2）で示した **N·L** に相
当する。積分範囲を示す S は点 **x** を中心とし法線 **N** の向きに置いた半球表面

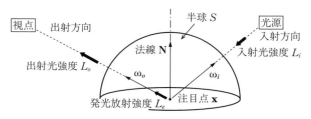

図3.19 レンダリング方程式の設定条件の模式図

を示す。半球表面のあらゆる点に ω_i を向けて積分項の式をそれぞれ計算して合計することになる。

　レンダリング方程式に基づいて実際に CG 画像生成の計算を行う最も基本的な手法の一つは 3.2.1 項で述べた反射モデルである。これは光源からの直接照明で照らされた物体表面の輝度計算手法で，**局所照明**（local illumination）と呼ばれる。これに対し，光源以外の物体からの照り返し，つまり間接照明を加味する手法を**大域照明**（global illumination）と呼ぶ。大まかに言うと，入射光 L_i が別の物体表面で計算された L_o によって与えられ，繰返しレンダリング方程式の計算を実行していく方法が考えられる。このような方法は**経路追跡法**（**パストレーシング**，path tracing）と呼ばれる。経路追跡法は代表的な大域照明の手法として実用化もされ現在でも研究の途上にある。

　経路追跡法のアルゴリズムは 3.2.2 項で述べたレイトレーシングを二つの点でより洗練させたものと言える。第一に，完全鏡面反射物体ではない物体でも反射方向のレイを求める。さらにその当たった先でも同様に反射方向を求め，面光源に当たるまで繰り返していく（面光源の存在は経路追跡法の大前提である）。各回の反射方向はランダムではあるが，交点の物体の BRDF に従って確率的に分布が偏る結果になるような方向を選ぶ。乱数を使って多数回計算を繰り返すこのような方法は，カジノの名所にちなんで一般に**モンテカルロ法**（Monte Carlo method）と呼ばれる。経路追跡法はモンテカルロ法の一種であり，**モンテカルロレイトレーシング**（Monte Carlo ray tracing）とも呼ばれる。

　第二に，各画素に対して 1 回ではなく何千～数十万回以上繰り返して一次レイを発する。この回数を spp（samples per pixel）と呼ぶ。毎回乱数と BRDF に基づいて二次レイは別の方向に反射するのでその繰返し結果をすべて平均することにより，レンダリング方程式の半球 S での積分計算を行ったことになる。

　経路追跡法の処理の概要を**図 3.20** に示す。図（a）は同じ画素について 4 回つまり 4 spp で処理を行った概念図である。透明の屈折物体や完全鏡面ではレイトレーシングと同じ処理を行う。拡散反射面にレイが当たったとき（太い矢印）には BRDF の偏りを反映したランダムな向きに反射させる。

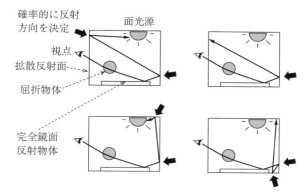

確率的に反射
方向を決定
面光源
視点
拡散反射面
屈折物体
完全鏡面
反射物体

（a） 同じ画素で4回一次レイを発した模式図

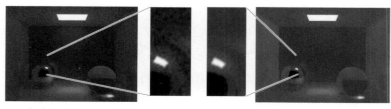

（b） 100 spp のレンダリング
結果と部分拡大図

（c） 2 000 spp のレンダリング
結果と部分拡大図

図 3.20 経路追跡法

図（a）では4回の処理のうち2回について，反射させたレイがほどなく面光源に到達しており，光放射強度が得られている。反射経路を逆にたどって輝度を計算していけば視点に入る放射強度が得られ当該画素の輝度が計算できる。

しかし，ランダムに反射させたときにこのように都合良く面光源に到達するとは限らない。照り返しは光が弱いので，反射を数回繰り返しても光源に到達しない場合には打ち切るのが妥当である。そのため，spp が少ない状況では正しい輝度計算はできず，経路追跡法では結果的にノイズの多いレンダリング結果となる。図（b），（c）は spp を変えた場合の経路追跡法のレンダリング結果である。

これまでの説明から容易に推測できるが，経路追跡法は非常に多くの回数のレイと物体との交差計算が必要となる。レイトレーシングで数秒掛かるとした

ら，似たようなシーンについて単純な経路追跡法だと数時間から数日あるいは
それ以上掛かると言ってもよい。この処理を高速化するための手法は多数考案
されている。詳細は言及しないが，**双方向パストレーシング**（bidirectional
path tracing），**メトロポリス光輸送**（metropolis light transport），**フォトンマッ
ピング**（photon mapping）などが代表的な経路追跡法の高速化手法である。

3.2.7　ボリュームレンダリング方程式とレイキャスティング法

物体表面ではなく 3.2.5 項で説明した関与媒質内の 1 点における放射強度を
表す式は**ボリュームレンダリング方程式**（volume rendering equation）と呼ぶ。
体積（volume）を持つ空間内の各点での輝度計算を行うためである。

ボリュームレンダリング方程式は前記のレンダリング方程式と類似した数式
である。空間内の注目点 $\mathbf{x}$ において光の向き ω_o の経路（距離 l）に沿って光
強度 I がどう変化するかを示す微分方程式となり，次式のように表せる。

$$\frac{\mathrm{d}I(\mathbf{x}, \omega_o)}{\mathrm{d}l} = -\sigma_t I(\mathbf{x}, \omega_o) + \sigma_s \int_S p(\omega_o, \omega_i) I(\mathbf{x}, \omega_i) \mathrm{d}\omega_i + e(\mathbf{x}, \omega_o) \quad (3.10)$$

ここで右辺第 1 項の σ_t は消滅係数で，散乱と吸収によって失われる単位長
当たりの光強度の割合で，減少を示すマイナスが付いている（$\sigma_t = \sigma_s + \sigma_a$ で，
σ_s は散乱係数，σ_a は吸収係数である）。第 2 項は逆に周囲（全体として単位球
面 S）の 1 点 ω_i の向きから $\mathbf{x}$ に入射した光が散乱して ω_o の向きにたまたま出
射することになった分の合計である。$p(\omega_o, \omega_i)$ は位相関数で，ω_i 方向から入
射した光が ω_o 方向に出射する割合（確率密度）を表す。第 3 項は $\mathbf{x}$ において
媒質自体が ω_o の向きに発光する場合の単位長当たりの発光強度である。

図 3.21 はボリュームレンダリング方程式（3.10）の右辺各項を説明する模
式図である。視線方向沿いに距離 Δl だけ進んだ場合の光強度増減の結果を各
項について別々に示している。

ボリュームレンダリング方程式に従って数値演算により視点に入射する光強
度（各画素の輝度に相当）を計算する方法を二つ紹介する。一つは非常に大ま
かな近似である**レイキャスティング法**（ray casting）である。レイトレーシン

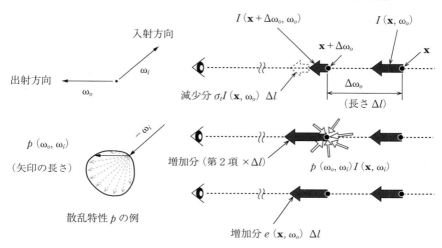

図 3.21　ボリュームレンダリング方程式の各項（増減量）の模式図

グと同様に視線に沿って輝度を求める。1画素分の輝度計算に使う経路つまり
レイは視点から発する一次レイの1本だけである。関与媒質中を通る1本のレ
イを細かく分割してサンプル点を設定し，放射強度を計算し積算する。各サン
プル点では，局所照明の考えを使い光源からの距離に応じて減少する強度を近
似計算する。

　もう一つの方法は，レイが散乱するまで直進する距離（自由行程）を散乱係
数 σ_s に基づき確率的に求め，散乱点から位相関数に従って別方向のレイを発
することを繰り返す。これはモンテカルロ法に基づいており，関与媒質向けの
経路追跡法と言える。経路追跡法と同様，1画素に対して多数回の計算と平均
化を繰り返すことにより物理的な厳密解に収束する。

　図 3.22 は，場所により異なる濃度の雲が存在する，散乱係数が一様でない関
与媒質による輝度を経路追跡法により計算した研究事例の結果画像である[10]。
唯一の光源は太陽であり，経路追跡において散乱点を効率的に求める工夫を施
している。加えて空気や雲のレイリー散乱やミー散乱も考慮し，空，夕焼け，
雲の色も再現している。図（a）と図（b）の入力諸条件（雲の分布や地形や各種
散乱係数など）における違いは太陽の位置の設定のみである。

（a） 昼の太陽の位置による結果 　　（b） 夕方の太陽の位置による結果

図 3.22 一様でない散乱特性を持つ関与媒質を含む空間の経路追跡法による
描画結果例〔提供：東京大学大学院 旧西田友是研究室〕（口絵 8 参照）

3.2.8 物理ベースレンダリング

前項まで，おもに光学的な観点で CG の画像がどう計算されて生成されるか
を述べた。本項ではそれらの手法を使ってどのように CG 映像が制作されるか
を物理学の観点から説明する。

リアルな描画を行うことを目的とする CG 処理では，観察に基づく近似理論
で各画素の輝度計算を行っていた。3.2.1 項で述べた拡散反射と鏡面反射の近
似モデルは古典的な手法である。このような近似理論に基づいて実際の CG 映
像を制作する場合，制作者はそれらの近似手法で必要とされる種類の入力パラ
メータを設定する必要がある。

一般にそのような近似手法の設定パラメータは実世界でなじみ深いものでは
ないため，制作者が直感的に理解しにくい。例えば式（3.5）の拡散反射係数
k_d や鏡面反射係数 k_s などは物体表面の照らし方を決める主要なパラメータだ
が，現実世界に対応する概念がない。制作者は CG 制作の経験を通してその設
定値の感覚を身に付ける必要がある。

一方で，物理的により正確な描画技法（3.2.4〜3.2.7 項）を実現する制作
ツールが広まり，制作者は現実世界の概念に近い設定パラメータが利用可能に
なった。このようなレンダリング手法は一般に**物理ベースレンダリング**
（physically-based rendering）と呼ばれる。例えば，物体表面の反射特性を設
定するために，100％金属的な光り方をする特性と 100％プラスチックのよう
な光り方をする特性を用意し，その間の任意の割合を設定する方法がある。別

の例として，実世界の写真撮影におけるカメラの各種設定値（絞り，感度，シャッタースピードなど）をそのまま反映できるレンダリング手法もある。

　近年のGPU（グラフィックス処理チップ）の高速化により，リアルタイムCGにおいてもそのような物理ベースレンダリング手法が開発され活用されるようになった。**図3.23**はゲームのためのCG制作ツールにおける，実世界で使われる物理パラメータ設定例である。図は金属らしさ（metalness）を変更した例で，左上端は100％プラスチック，右下端は100％金属の設定の結果である。

図3.23　物理ベースレンダリングのためのパラメータ
設定結果例〔提供：シリコンスタジオ株式会社
©Silicon Studio Corp., all rights reserved.〕

3.2.9　波動光学とCG

　本章の冒頭3.1節で述べたように，CG技術の基礎となるのはほとんどすべての場合幾何光学であり，光線が直線状に進むという前提でここまで述べてきた。一方で，物理的により正確な波動光学の理論に基づくCG表現技術もある。典型的な例は強い光が広がって見える**グレア**（glare）現象で，本項ではこの現象を波動光学により説明する。

　波動光学は光の進行を波の球面状の広がりとして記述する。幾何光学で光が一方向だけに向かう記述をするのとは対照的な想定である。波動光学を使わないと説明できない光の現象の代表例が**回折**（diffraction）である。回折は光に限らず波全般が有する性質で，進行する波の一部を遮っても空いている部分からあたかもそこが波の発生源であるかのように円周状あるいは球面状に広がる現象である。結果的に遮蔽物のすぐ裏側にも波は回り込んで到達していく。

　回折現象のもとになる原理は**ホイヘンスの原理**（Huygens' Principle）である。広がる波の先頭部分は円周状あるいは球面状の**波面**（wavefront）を構成する。ホイヘンスの原理は，ある時刻の波面上のあらゆる点が波の出現点（波源）となり，すべての波源から広がる2次波の合成結果（包絡面）がつぎの時刻の波面を形づくる，というものである（**図3.24**(a)）。

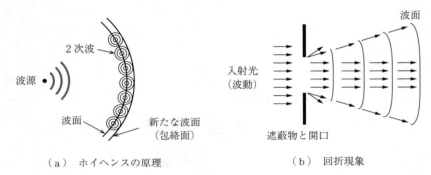

（a）　ホイヘンスの原理　　　　　（b）　回折現象

図3.24　ホイヘンスの原理と回折現象

　ホイヘンスの原理に基づけば，図(b)のように，遮蔽物に遮られた波が空いている部分から回り込んで広がる回折現象は直感的に想像できる。

　ホイヘンスの原理をもとに理論立てて定式化された回折現象として**フレネル回折**（Fresnel diffraction）と**フラウンホーファー回折**（Fraunhofer diffraction）が挙げられる。いずれも，光を遮る薄い壁の一部に**開口**（aperture，すき間）を開けた場合に，開口のあらゆる点から発生する2次波が反対側に抜けて広がると想定する。そしてこれらの2次波を合成した振幅を近似式として導く。両回折とも波動光学の教科書には必ず記載される基本的な内容である。

　ここでは，平行光線をレンズに通すという条件に限定したフラウンホーファー回折の近似式の結果を紹介する。

　基本的な波の振幅はサイン波で表現できるが（式 (1.19) 参照），一般的には複素振幅を使い次式 (3.11) のように表す。

$$g(r) = \frac{A}{r} \exp\left(2\pi i \frac{r}{\lambda}\right) \tag{3.11}$$

ここで，r は波の発生点からの距離，A は最大振幅，λ は波長である。時刻は固定と考える。発生点から離れるほど距離に比例して振幅が弱まることがわかる。

フラウンホーファー回折はレンズを通した光の回折と考えることができる。**図** 3.25 のように，レンズを挟んでいずれも焦点距離 f だけ離れた場所に開口パターン画像（$x_o y_o$ 平面で $t_o(x_o, y_o)$）とスクリーン（$x_f y_f$ 平面）とを配置する。ここで，開口パターン $t_o(x_o, y_o)$ の値は光を完全に遮る壁の場所で 0，光を完全に通す場所では 1 とする。

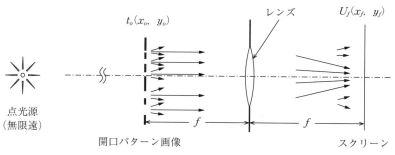

点光源
（無限遠）

$t_o(x_o, y_o)$

レンズ

$U_f(x_f, y_f)$

開口パターン画像

スクリーン

図 3.25　フラウンホーファー回折の想定座標系

このときスクリーンに投影される回折光の複素振幅 $U_f(x_f, y_f)$ は，開口各点 (x_o, y_o) を発生点とするすべての 2 次波 g の合成で，次式（3.12）のように記述される。

$$U_f(x_f, y_f) = \frac{A}{i\lambda f} \iint_{-\infty}^{\infty} t_o(x_o, y_o) \exp\left\{ -2\pi i \left(x_o \frac{x_f}{\lambda f} + y_o \frac{y_f}{\lambda f} \right) \right\} dx_o dy_o \quad (3.12)$$

式の右辺の積分式は，$x_o y_o$ 平面上の画像 $t_o(x_o, y_o)$ を，$x_f y_f$ 平面へ 2 次元フーリエ変換した結果（の λf 倍拡大図）に等価であることを示す。この結果は複素数になるが，実際の画像の輝度（光の強度）は複素振幅の絶対値の 2 乗により計算される。そこで両辺の絶対値を 2 乗すると，開口パターン画像とスクリーンに結像する回折画像との関係は次式（3.13）のように 2 次元フーリエ変換演算子 $\mathcal{F}[\cdot]$ を使って簡単に記述できる。

$$|U_f(x_f, y_f)|^2 = \left| \frac{A}{\lambda f} \right|^2 |\mathcal{F}[t_o(x_o, y_o) ; \lambda f]|^2 \quad (3.13)$$

ここで，$\mathcal{F}$ のパラメータ λf は変換結果をその分だけ拡大することを表す。この式で注目すべきは，回折画像のパターンは波長によって大きさが異なる相似形になることである。フーリエ変換式で出力平面 $x_f y_f$ に対して $1/\lambda$ が乗じてあるために，波長の長い光ほど回折の広がり方が大きい物理現象を説明している。

加えて，右辺全体に $1/\lambda^2$ が乗じてあることから，波長の長い光ほど回折光強度が波長の 2 乗に逆比例する（弱くなる）ことも読み取れる。

身近な回折現象としてレンズフレア（図 3.5(a)参照）やグレアが挙げられる。強い光を見たときに放射線状の広がりが見えるのは，まつ毛で起こる回折の結果としてのグレア現象である。グレアのパターンでしばしば虹色の模様が観察できるのは上記のように波長によって回折の広がり方が異なるためである。この現象はスリットで光を回折させる物理実験でも観測できる。

図 3.26 は画像の 2 次元フーリエ変換を使ってグレア画像の CG 再現を行った実験例である[11]。入力の開口画像として着けまつ毛の撮影画像を用いた。図（a）は実際に着けまつ毛をカメラに装着した様子，図（b）はそのカメラで強い点光源を直接撮影した結果，図（c）は回折画像を各色で合成した CG 再現結果画像，図（d）は再現のために使用した開口画像である。

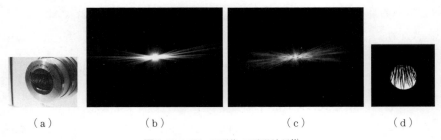

(a)　　　　　　(b)　　　　　　(c)　　　　　　(d)

図 3.26　グレア画像の再現結果[11]

3.3　計 測 技 術

本節では，CG 制作の際に用いられる計測技術について紹介する。本来 CG は想定した仮想世界からコンピュータによる計算で画像を生成するものであ

る。しかしながら，現実感を高めるためには生成過程の一部に実世界の計測結果を用いることが必要となる場合も多い。本節では，CG の基本要素技術であるモデリング，レンダリング，アニメーションにそれぞれ対応する形状，材質の見え方，動きの３点に着目して現実世界の計測技術を紹介する。

3.3.1 形 状 の 計 測

CG モデルを作成したい場合，もし実物があるのであれば，モデリングソフトを駆使して手作業で同じ形状を作成するよりも，実物を物理的な装置で計測したほうが効率が良い。このような装置全般は **3D スキャナ**（3D scanner）と呼ばれる。本項ではそれらの装置の変遷について簡単に言及する。

3D スキャナは古くからあり，1990 年代前半にはペン型の立体形状入力装置である**3 次元デジタイザ**（3D digitizer）が市販された。ペン先を物体表面に接触させて押すことにより 1 点の空間座標が記録される。

2000 年代に入ると**レンジセンサ**（range sensor）と呼ばれる距離計測技術が普及した。代表的なレンジセンサはレーザ光線を照射した反射光を観測する**レーザスキャナ**（laser scanner）で，光学式 3D デジタイザと呼ばれた。対象物体に触れずに測定できることから非接触型デジタイザとも呼ばれる。レーザスキャナでは数 cm から人体程度の大きさまでの対象物をターンテーブル上に置き，回転させながらレーザを照射する製品が普及している。さらに，屋外の大規模な物体に対してレーザを照射するレンジセンサも実現されている。

レーザスキャナを実現するスリット光投影法の原理を**図 3.27**に示す。対象物に対してレーザ光を照射する光源と，光源とは少し異なる向きから対象物を撮影するカメラを有する。光源からはひと筋のレーザ光により対象物表面の 1点を照射するが，光の向きを高速に上下させることによりレーザシートとも呼ばれる光の面（スリット光面）を形成し，物体表面にはその面と交差する明るい曲線を照射することができる。

撮影結果画像 I 上に映った照射線上の任意の点の画像上の座標 $\mathbf{x}_I$ は既知である。カメラの位置 $\mathbf{c}$ や向きや画角も既知なので $\mathbf{c}$ から適当な距離だけ離した

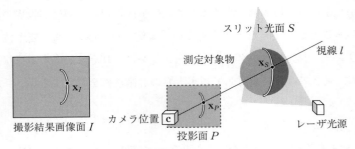

図 3.27 スリット光投影法の原理

投影面 P が設定でき，$\mathbf{x}_I$ に対応する投影面 P 上の点 $\mathbf{x}_P$ が計算できる。ひいては 2 点 $\mathbf{c}$，$\mathbf{x}_P$ によってできる視線 l の方程式が特定できる。一方で，撮影した瞬間のスリット光面 S もレーザ光源から制御して発しているからその平面方程式も特定できる。したがって，視線 l とスリット光平面 S の交点 $\mathbf{x}_S$ が数値計算により求められる。

この計算を画像 I 上の照射線上の複数点 $\mathbf{x}_I$ で繰り返し，さらにスリット光面 S を少しずらして繰り返すことによって所望の精度の多数の物体表面点の座標 $\mathbf{x}_S$ が計測できる。このように光学式デジタイザに代表される計測装置で得られる多数の点のことを一般に**点群データ**（point cloud）と呼ぶ。

点群データのままでは CG 形状モデルとして利用しづらいため，計算によって近くの点同士の接続情報（三角形情報）を得て形状モデルの再構成を行う処理が施される。一般に計測直後の点群データは不必要に密度が高いため，必要十分な密度の三角形に削減する処理や，平らな表面は粗く曲率の高い入り組んだ場所は細かく三角形生成を行う処理が施される。

さらに 2010 年代からは撮影した画像に基づいて表面形状をソフトウェア処理により推定する技術が実用化された。画像の各点のカメラからの距離情報が得られる**深度カメラ**（depth camera）によって撮影物体の形状を推定する方式が当初は用いられた。マイクロソフト社の Kinect は深度カメラの代表製品で，2 台のカメラにより**視差画像**（parallax image）を得て深度を推定する。2022 年現在は，対象物体を通常のカメラにより多方向から撮影した結果から 3D モデ

ルを自動生成する**フォトグラメトリ**（photogrametry）技術が普及している。

　一般に 3D スキャンの技術では，計測対象物表面のうちセンサ（カメラ）や
レーザ光源から見えない部分は計測不可能である。フォトグラメトリでは多数
の角度から複数画像を撮影し，おたがいに欠落部分を補完することによりこの
問題は軽減された。しかしながら完全に解決することは困難である。さらに，
対象物体の形状が複雑に入り組んでいで，ある部分がほかの部分を隠すような
構造物，例えば，樹木などは依然として形状計測には不向きである。

3.3.2　反射特性の計測

　本項ではレンダリング（描画）に密接に関係する反射特性の計測について述
べる。

　光源における配光特性と同様に，特定物体の表面における光の反射特性をで
きるだけ忠実に計測する方法が用いられる。計測の結果得られた反射特性は**双
方向反射分布関数**あるいは **BRDF**（bidirectional reflectance distribution function）
と呼ばれる。

　図 3.28 は BRDF 計測装置の例である。中央の試料台には計測対象の材料片
を置く。アームの先端には計測点を照らす光源が装着されている。アームと試
料台はいずれも水平垂直の 2 軸で回転でき，適切に回転させれば入射光が任意
の向きへの出射光となって反射を計測することができる。計測用の光センサは

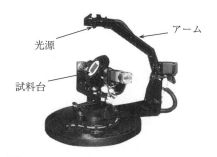

光源　アーム　試料台

図 3.28　BRDF 計測装置の例
〔提供：デジタルファッション株式会社〕

図の装置の外側（図の左方向）に別途設置される。

　計測された BRDF は 4 変数の 1 価関数 $f(\theta_i, \varphi_i, \theta_o, \varphi_o)$ で表すことができる。ここで，θ_i, φ_i はそれぞれ光の入射方向の天頂角および方位角であり，θ_o, φ_o は反射後の出射方向の天頂角および方位角である。ここで各角度の範囲は $0 \leqq \theta_i$, $\theta_o < 90°$ および $0 \leqq \varphi_i$, $\varphi_o < 360°$ で，天頂の向きが $\theta_i = \theta_o = 0°$ となる。BRDF は関数と呼びながらも実務的には計測した 4 次元配列のデータとして扱うことになる。レンダリング計算時には，与えられた物体表面の反射点における入射方向と出射方向をもとに配列データを参照することにより，反射率としての BRDF を得て輝度計算に利用することができる。

　4 次元配列はデータ量が膨大になる。例えば入射，出射の天頂角と方位角を 1°ごとにサンプリングすると考えると，組合せは $90 \times 360 \times 90 \times 360$ で約 10 億個のデータとなる。しかし，よほど特殊な素材（例えば繊維状の布や筋状にブラシ加工した金属のような異方性の反射を示すもの）以外は，少なくとも方位角については入射，出射の差だけに着目すればよく，データ量は 1/360 に減る。左右の対称性によりさらに半分に減る。このような現実を考慮し，BRDF のデータは場合に応じてうまく圧縮する工夫を行う。

3.3.3　モーションキャプチャの原理

　CG アニメーションにおいて，人物キャラクターの動きを付ける作業は煩雑で時間が掛かる。加えて，現実味のある動きを手作業で作ることは困難である。これに対して実際に俳優の演技の動きを記録して CG キャラクターに適用する技術が**モーションキャプチャ**（motion capture）である。演技者の全身の要所要所に多数のセンサを取り付けそれぞれの位置座標を検出記録するのがその原理である。本項ではこの技術の動作原理に着目し，歴史的な経緯も踏まえ，いくつかの方式のモーションキャプチャ技術を紹介する。

　1980 年代の終わりに**バーチャルリアリティ**（VR）技術が注目され，**磁気センサ**（magnetic sensor）を備えたヘッドマウンティッドディスプレイ（HMD）で使用者の頭の向きの計測反映が実現された。磁気センサは手袋にも装着し，

指の形を検出して使用者のジェスチャーを計測反映させ，VR システムの操作インタフェースとして利用された。

1995 年に本格的なモーションキャプチャ製品が登場した際には，全身を包む衣装の各関節に磁気センサを取り付けたデータスーツと呼ばれるものが使用された。磁気センサはさまざまな検査や探査など広い用途に応用されるが，モーションキャプチャでは動きを検出して電流に変換する作用が利用される。

磁気センサには近くの金属の存在により計測精度が大幅に落ちるという大きな弱点があった。代替技術として，光ファイバが曲がると中を通る光が減衰する性質を利用した曲げセンサによって各関節角を検知する機械式も登場した。しかしながら，これらの方式は各センサから電気信号を制御装置に伝える多数のケーブルをつなぐ必要があった。演技者の動きに大きな制限が加わることから，その後は使われなくなった。

代わりに普及したのが**光学式マーカー**（optical marker）を各関節に取り付けて各点を撮影する方式である。**図 3.29** にその実施例を示す。周囲の複数台のカメラから撮影することによりいくつかの点が隠れても，データ取得後の後処理により補うことができる。マーカーは**再帰性反射材**（retroreflective material）で覆った直径数 mm〜1 cm 程度の球面を用いる。

（a）　スタジオでの撮影の様子　　　（b）　演技者と同じ動きをする CG キャラクター

図 3.29　モーションキャプチャの実施例

再帰性反射材は，交通標識にコーティングしたり道路工事従事者用ジャケットなどにシールとして取り付けたりすることで，夜間の自動車からの被視認性

を高める素材である。表面に入射した光が，表面の向きにかかわらず入射方向に強く反射する性質を持つ。これにより自動車のヘッドランプに照らされるとその自動車に向けて強く反射しドライバーには明るく見える。

再帰性反射材表面は粉状の非常に微小なガラス球が敷き詰められている。光は屈折して微小球に入射したのち内部反射して再び屈折してガラスの外に出射する。ガラスの屈折率を特別な一定値のものとすると，入射と出射の方向を一致させることができる。

一方で，撮影する各カメラからはレンズに近い位置から光を発する。これによりマーカーからは各カメラに強く光が返ってくる。赤外線の光を使いカメラ側にも赤外線通過フィルタを取り付ければ，撮影場所の照明の影響を抑えマーカーだけをより明瞭に撮影することができる。

反射材表面の向きによらず入射方向に光が出射するとは言っても，実際にはやはり正面からの反射が最も強くなる。光学式マーカーの形状を球とすることにより，そのような反射特性の影響を受けず広い角度から安定してマーカーを撮影できる。

配置場所が既知の多方向のカメラにより得られた画像上のマーカー位置から撮影時の各カメラの透視投影変換を推定し各マーカーの空間座標を推定することができる。多数のマーカーのそれぞれの識別も行える。

2010 年代になると画像認識技術が飛躍的に進歩し，マーカーを使わない撮影でも条件によってはモーションキャプチャが可能となった。なかでも顔画像の認識技術の進歩が顕著であることに加え，全身の動きのバリエーションよりも顔の表情変化は対象条件や撮影環境が限定的である。そのため近年では，演技者の表情の変化を撮影して CG キャラクターの顔に反映させる技術が映画製作等において広く普及している。

3.4　動　力　学

CG で動きを表現する技術や手法やその制作過程や制作物までを総称して

CG アニメーションあるいは単に**アニメーション**（animation）と呼ぶ。現在の CG アニメーションで動きを表現する手段を大まかに分けるとつぎの三つとなる。

（1） キーフレーム法（制作者が重要な形状位置姿勢を作成しシステムが補間）

（2） モーションキャプチャ（3.3.3 項参照）

（3） 物理シミュレーション

本節では上記のうち**物理シミュレーション**（physical simulation）に手段を絞り，さらに対象物体を固体と想定して CG の動きを自動的に生成する原理を説明する。

変形を伴わない固体は**剛体**（rigid body）と呼ばれる。表面が力を受けた際に変形しその後復元する材料は**弾性体**（elastic body），受けた変形が元に戻らないものは**塑性体**（plastic body）と呼ばれる。それら両方の特性がある場合**弾塑性**（elasto-plasticity）と呼ぶ。厳密にはどんな剛体も十分に強い力によって変形し弾塑性の性質がある。そのため，物理シミュレーションを材料工学や機械工学に応用する**衝突解析**（crash analysis）では完全な剛体は想定せず，弾塑性体が主要な対象物体となる。

一方で，CG アニメーションでは材料特性を単純化した剛体の動きや衝突のシミュレーションを行う場合も多い。映像制作側からの要求があれば弾塑性体も扱う。さらに，柔軟な物体が持つ性質である**粘弾性**（viscoelasticity，シリコンやゴムのような素材）や**粘塑性**（viscoplasticity，粘土のような素材）の物体を映像作品に登場させる場合もある。

3.4.1 動きの計算の基本

ここでは最も基本的な運動方程式を単純な剛体に適用して CG で動きを表現する例を紹介する。対象物体は剛体の球 1 個とする。

CG の映像制作では，ある時刻 t の物体位置や姿勢を計算により求め，1 枚（1 フレーム）の画像を生成する。そしてつぎのフレーム（時刻 $t+\Delta t$）での位置姿勢を求め画像生成を行う。この繰返しで動画を生成してゆく。

球の位置に着目してその動きを計算するには，位置 $\mathbf{x}$ を時刻 t の関数 $\mathbf{x}(t)$

と表現する。このとき，つぎのフレームの球の位置は式（3.14）のように表される。

$$\mathbf{x}(t + \Delta t) = \mathbf{x}(t) + \int_t^{t+\Delta t} \mathbf{v}(\tau) \mathrm{d}\tau \tag{3.14}$$

ここで $\mathbf{v}(t)$ は時刻 t における球の速度である。時間 Δt の間 $\mathbf{v}(t)$ が加速度 $\mathbf{a}(t)$ で直線的に変化するという近似を行うと，右辺の積分は $\mathbf{v}(\tau)$ の 1 成分 $v(\tau)$ のグラフの下の長方形の面積と三角形の面積との和となり（**図3.30**（a）），式（3.15）が得られる。

$$\mathbf{x}(t + \Delta t) = \mathbf{x}(t) + \Delta t \mathbf{v}(t) + \frac{\Delta t^2}{2} \mathbf{a}(t) \tag{3.15}$$

位置，速度，加速度はそれぞれベクトルであるが，図 3.30 のグラフではベクトルの 1 成分（例えば x 座標）のみのスカラー値に注目している。

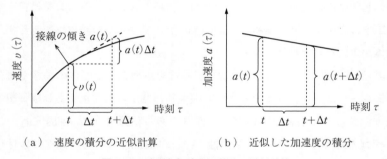

（a）　速度の積分の近似計算　　　（b）　近似した加速度の積分

図3.30　速度と加速度の積分の近似計算

つぎのフレームの速度についても同様に

$$\mathbf{v}(t + \Delta t) = \mathbf{v}(t) + \int_t^{t+\Delta t} \mathbf{a}(\tau) \mathrm{d}\tau \tag{3.16}$$

となる。時刻 t から $t + \Delta t$ までの間の加速度は直線的に変化するという近似を行うと，式の右辺第 2 項の積分の x，y，z 成分のそれぞれは対応する $a(\tau)$ の直線グラフ下の台形の面積に相当し（図（b）），$\Delta t \{a(t) + a(t + \Delta t)\}/2$ に等しい。

　球の質量を m とし，球に作用しているすべての力の合計のベクトルを $\mathbf{F}(t)$ とすると，運動方程式は

$$\mathbf{a}(t) = \frac{\mathbf{F}(t)}{m} \tag{3.17}$$

となる。これにより以下の式 (3.18) が得られる。

$$\mathbf{v}(t + \Delta t) = \mathbf{v}(t) + \frac{\Delta t}{2m}\{\mathbf{F}(t) + \mathbf{F}(t + \Delta t)\} \tag{3.18}$$

また，式 (3.15) は

$$\mathbf{x}(t + \Delta t) = \mathbf{x}(t) + \Delta t\mathbf{v}(t) + \frac{\Delta t^2}{2}\frac{\mathbf{F}(t)}{m} \tag{3.19}$$

となる。これらの式は**速度ベルレ**（velocity Verlet）の式と呼ばれる。分子動力学の数値計算では，位置 $\mathbf{x}(t)$ に応じて分子に作用する力 $\mathbf{F}(t)$ を計算できる。これに式 (3.18) と式 (3.19) を組み合わせて順番に計算する。すなわち，$\mathbf{x}(t + \Delta t)$ の結果から $\mathbf{F}(t + \Delta t)$ を計算し，式 (3.18) で $\mathbf{v}(t + \Delta t)$ を求める。そしてつぎのタイムステップの式 (3.19) を計算して $\mathbf{x}(t + 2\Delta t)$ を得る。

　CG で利用される運動計算の場合は $\mathbf{a}(t)$，$\mathbf{F}(t)$ が一定の場合も多く，式 (3.18) はより単純に

$$\mathbf{v}(t + \Delta t) = \mathbf{v}(t) + \mathbf{a}\Delta t = \mathbf{v}(t) + \frac{\mathbf{F}}{m}\Delta t$$

として計算できる。

　実際のシミュレーションにおいては，衝突を検出してその瞬間に掛かる力を考慮したり，動摩擦力や空気抵抗なども加味したりする。もちろん，現実世界を想定するのであれば，合力 $\mathbf{F}(t)$ には重力加速度 g による下向きの力 mg が加わる。

　図 3.31(a) は球体を小さな剛体（質点）と仮定して動きを計算し各フレームの球体をすべて 1 枚の画像に重ね合わせて表示した結果である。重力のほか，床への衝突時の反発，非弾性体を想定した反発時の速度減衰，床を転がる際の摩擦力を加味している。

  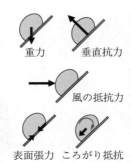

（a）　球体の動きの　　　（b）　撥水ガラス上での水滴の描画　　（c）　水滴に作用する
　　　　重ね合わせ　　　　　　　　　　　　　　　　　　　　　　　　　　力の設定

図 3.31　質点と仮定した球体や水滴の動きシミュレーション結果の例

　図（b）は，自動車のフロントガラス上の各水滴をそれぞれ質点と仮定し，撥水ガラス上での動きを模擬した研究例である[12]。水滴には図（c）で示すような重力，ガラスからの垂直抗力，風から受ける空気抵抗，ガラスの付着力，転がり抵抗の五つの力の合力が作用すると設定している。水滴の見た目がリアルになるように簡易な屈折計算や形状計算も行って描画している。

　ここまでで示した並進運動のほか，球以外の複雑な形の剛体では回転運動も伴う動きがある。衝突時には力のモーメント，角加速度，慣性モーメントを導入した運動方程式に基づいて，各フレームにおける角速度，角度を得て物体の姿勢を計算により求めることとなる。

3.4.2　有 限 要 素 法

　弾塑性体に対して力を加えた際にどのように変形するかを計算する代表的な手法が**有限要素法**（FEM, finite element method）である。有限要素法はコンピュータ発明から 20 年ほどしか経っていない 1960 年代から開発された手法で，特に土木建築分野の強度解析や自動車設計等の衝突解析として現在でも盛んに活用されている。

　有限要素法では，対象形状の表面を要素と呼ばれる細かい三角形あるいは四角形に分割する。要素の頂点は**節点**（node）と呼ぶ。多くの節点はほかの一

つ以上の要素と共有され，そのような節点を介して隣接する要素同士で力が伝達される。有限要素法の計算結果としての変形結果は，各節点がそれぞれどのぐらい移動したかという**変位**（displacement）のベクトルとして出力される。

　要素に分割済の対象形状に対して**拘束条件**（condition of constraint）を設ける。いくつかの節点に，決して変位しない方向という前提を設定する。例えば橋の解析を行う場合は橋脚の地面部分は動かない拘束条件を与える。

　そして最後に設定するのは**荷重条件**（load condition）である。いくつかの特定の節点に方向と強さを定めた荷重を与える。例えば橋の上を通るトラックの重さをタイヤが接する橋表面の各要素に分散して配分する。要素への荷重はその要素の各節点に等しく分配されることが有限要素法の大前提となる。

　この大前提から考えると，要素として極端に細長い形状を設定することは避け，なるべく正三角形や正方形に近い形状であることが望ましい。一方で，形状が曲線状あるいは曲面状になっている部分や荷重の掛かり方が複雑な部分は細かい要素が望ましい。この2者のトレードオフで要素の分割を決めることになる。

　以上の設定は**プリプロセッシング**（preprocessing，**前処理**）と呼ばれる。プリプロセッシングを終えて有限要素法の計算を実行すれば，各節点の変位が出力され，付随して各節点に掛かる**応力**（stress）などの力学量が得られる。

　計算後の変形結果をCG描画して表示する過程は**ポストプロセッシング**（post-processing，**後処理**）と呼ばれる。単純に形状変形の様子を示すだけではなく，各節点への応力の強さに応じて擬似カラー表示によって色分けする可視化技術を活用する。特に脆弱な場所を解析者が判別しやすいような工夫を行うことがポストプロセッシングにおいては重要である。

　図3.32(a)は，チタン合金製ゴルフクラブでボールを打った想定の有限要素法による衝撃解析である。図(b)はボルトとナットによる2枚の板の締め付けを模擬した解析例で，ねじ山の根元に近い部分に強い応力が生じることを示している。

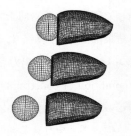

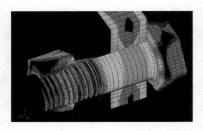

（a） ゴルフボールの打撃 　　　　　（b） ボルトとナットによる締め付け
　　　　　　　　　　　　　　　　　　　　　　（口絵 9 参照）

図 3.32　有限要素法の例〔提供：JFE テクノリサーチ株式会社〕

3.4.3　ば ね モ デ ル

　有限要素法の中の一つの手法として**ばねモデル**（spring model）がある。ば
ねモデルでは，節点同士が接続されている各接続部分にはばねが存在するとい
う想定を行う。各節点に掛かる力を計算する際には隣接節点につながるばねか
らの弾性力を加味する。

　ばねからの弾性力 F は**フックの法則**（Hooke's law）に従い，次式（3.20）
で与えられる。

$$F = -kx \tag{3.20}$$

　ここで k はばね定数（$k>0$），x はばねの自然長からの伸びまたは縮みの長
さである。マイナスが付くのは伸びまたは縮みの向きと反対の向きに力が作用
することを示している。

　CG で布の動きを表現する際にはしばしば，節点に質量を与える**質点ばねモデ
ル**（mass-spring model，**ばね-質点系モデル**）が使われる。**図 3.33** は，床に
置かれた濡れている布を想定し，布の 1 点を引き上げた場合の形状をシミュ
レートした結果を示す[13]。図（a）に示すように各質点に，重力・床からの垂直
抗力・ばねの弾性力のほか，すき間内部（布と床）の気圧と外部からの大気圧
とを加味している。図（b）は実物の濡れた布での実験画像，図（c）はシミュ
レーション結果画像である。大気圧が相対的に大きく布が外側から押しつぶさ
れる効果が表現されている。

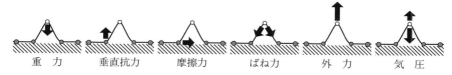

| 重 力 | 垂直抗力 | 摩擦力 | ばね力 | 外 力 | 気 圧 |

（a） 質点に作用させる力の種類

（b） 実験画像（実写）　　　（c） シミュレーション結果画像

図 3.33 ばね-質点系モデルを利用した布形状のシミュレーション例

3.5 流 体 力 学

　液体や気体やプラズマなど，固体以外の物質における各場所の動きの振舞い
を解析する物理学を総称して流体力学と呼ぶ。本節では CG で水や煙や炎の動
きを表現する際の基礎となる物理法則と，数値計算によるその計算手法につい
て概要を述べる。

3.5.1 流 体 方 程 式

　流体の振舞いを記述する支配方程式は**ナビエ・ストークス方程式**（Navier-
Stokes equations，以降 NS 方程式）である。水のような非圧縮性の流体を前
提とすると NS 方程式は以下に示すとおりとなる。

$$\nabla \cdot \mathbf{u} = 0 \tag{3.21}$$

$$\frac{\partial \mathbf{u}}{\partial t} + (\mathbf{u} \cdot \nabla)\mathbf{u} = -\frac{1}{\rho}\nabla \mathbf{p} + \nu\nabla^2\mathbf{u} + \mathbf{f} \tag{3.22}$$

　ここで，$\mathbf{u}$ は流体中の注目点 $\mathbf{x}$ における時刻 t の速度 $\mathbf{u}(\mathbf{x}, t)$ である。式
（3.21）は非圧縮性，つまり密度 ρ（単位体積当たりの質量）を一定とする前

提から導かれる条件である。式（3.22）の **p** は注目点での圧力，ν は流体の動粘性係数で，**f** は外力である。左辺は加速度を，右辺は力を記述しており，全体として運動方程式の一種と捉えることができる。

式（3.22）の左辺第 1 項はある地点での速度の時間変化（加速度），左辺第 2 項は流体の塊の近傍への移動によって起こる速度変化で移流項と呼ばれる。右辺第 1 項は圧力項と呼ばれ，圧力の大きい場所から小さい場所に向けての力の作用を記述する。右辺第 2 項は粘性拡散項で，ある地点の速度が周囲を巻き込んで与える力を記述している。

3.5.2　格子法と粒子法

ナビエ・ストークス方程式は 2 階偏微分方程式で，解析的な解法は知られていない。一方で，コンピュータによるシミュレーションのために数値計算を行って近似解を得る方法は存在する。本項ではこれらの方法について概説する。

流体の速度 $\mathbf{u}(\mathbf{x}, t)$ は位置と時刻の両方がそれぞれ独立変数となる。つまり，時刻が変わっても位置が変わっても速度は変化するので捉えどころがなく設定が難しい。数値計算の枠組みとして **図 3.34** に示す 2 種類の設定方法がある。一つは **格子法**（grid method）で，**オイラー法**（Euler method）とも呼ばれ，定点観測を行う方法である。もう一つは **粒子法**（particle method）で，**ラグランジュ法**（Lagrange method）とも呼ばれ，流体の各標本点の移動を追跡する方法である。

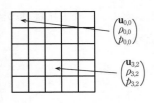 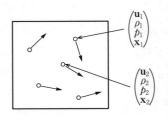

（a）格子法（オイラー法）　　（b）粒子法（ラグランジュ法）

u：速度，ρ：密度，p：圧力，**x**：位置

図 3.34　流体の数値計算のための枠組み

　格子法ではある時刻における各格子の中心点における速度と圧力を保持し，
粒子法ではある時刻における各粒子の速度と圧力と位置を保持する。

3.5.3　stable fluids 法

　流体シミュレーションでは，3.5.2項で示したような枠組みのもと，3.5.1
項の NS 方程式を数値解析によって解くこととなる。本項では CG 分野でよく
使用される **stable fluids 法**[14]を紹介する。

　一般に速度の数値解析においては初期速度 $\mathbf{u}_0$ を与え，十分に短い時間 Δt を
設定し，ある時刻 t の速度 $\mathbf{u}_n$ がわかったときにつぎの時刻 $t+\Delta t$ における速
度 $\mathbf{u}_{n+1}$ を求める。つまり漸化式を順番に計算する。NS 方程式に対しては式
（3.22）の左辺第 1 項にある速度の時間変化 $\partial\mathbf{u}/\partial t$ を $(\mathbf{u}_{n+1}-\mathbf{u}_n)/\Delta t$ と置き換
え，その他の項の速度変数 $\mathbf{u}$ は $\mathbf{u}_n$ と置き換えることで漸化式が得られる。こ
こで，式（3.21）の条件を使うと圧力の変数 $\mathbf{p}$ を消去でき，変数 $\mathbf{u}_n$ だけの漸
化式となる。

　stable fluids の基本的なアイディアは，1 回のタイムステップで式（3.22）
をすべて計算するのではなく，外力項，移流項，粘性拡散項，圧力項を順次適
用していくというものである。これにより安定して数値解を得られるアルゴリ
ズムが実現できる。全体として格子法を用いるが，移流項の計算についてのみ
粒子法の考え方を使う。

　位置 $\mathbf{x}$，時刻 t での速度 $\mathbf{u}(\mathbf{x}, t)$ を $\mathbf{w}_0(\mathbf{x})$ とすると，まず外力項のみを反映
した速度はつぎの式（3.23）で求められる。

$$\mathbf{w}_1(\mathbf{x}) = \mathbf{w}_0(\mathbf{x}) + \Delta t\,\mathbf{f}(\mathbf{x}, t) \tag{3.23}$$

　つぎに，移流項を反映させるには位置 $\mathbf{x}$ にある粒子が負の時間 s だけ過去
にさかのぼったときの経路 $\mathbf{P}(\mathbf{x}, s)$ の追跡を行う。ここで $\mathbf{P}(\mathbf{x}, 0)=\mathbf{x}$ となる。
移流項を反映した速度は 1 ステップ前の過去の位置 $\mathbf{P}(\mathbf{x}, -\Delta t)$ に速度 $\mathbf{w}_1$ を適
用し

$$\mathbf{w}_2(\mathbf{x}) = \mathbf{w}_1(\mathbf{P}(\mathbf{x}, -\Delta t)) \tag{3.24}$$

となる。

　粘性拡散項と圧力項については，計算対象空間の境界条件を考慮して速度関数を時刻 t の領域から周波数領域にフーリエ変換した関数で計算する。まず $\mathbf{w}_2$ のフーリエ変換 $\hat{\mathbf{w}}_2$ を得る。計算式は省略するが，$\hat{\mathbf{w}}_2$ をもとに粘性拡散項の反映結果 $\hat{\mathbf{w}}_3$ と圧力項を反映させた結果 $\hat{\mathbf{w}}_4$ を順次計算する。最後に $\hat{\mathbf{w}}_4$ の逆フーリエ変換によって $\mathbf{w}_4(\mathbf{x})$ を求め，その結果をもって $\mathbf{u}(\mathbf{x}, t+\Delta t)$ とする。これがつぎの時刻の速度 $\mathbf{u}_{n+1}$ ということになる。

　図 3.35 は stable fluids 法を用いて平面内での圧力と速度を可視化した結果である。2 次元の格子 100×100 を設定し，初期状態として下部中央の圧力を高めてシミュレーションを行った。途中時刻における各格子での圧力（図（a），圧力の高い場所ほど白い）および速度ベクトル（図（b），小さな矢印の並び）を示している。

（a）　圧力の表示　　　　（b）　速度ベクトルの表示

図 3.35　stable fluids 法による流体シミュレーション結果の例

3.5.4　粒子法による応用例

　格子法は流体解析分野では古くから実用化されていた。しかしながら，液体と気体あるいは水と油のように異なる相や物質の間で界面が生じる混相流と呼ばれる流体を扱う場合には，格子サイズより小さい界面形状を扱えない欠点がある。これに対し，粒子法を用いることにより界面で細かな粒やしぶきが生じる現象を再現しやすくなる。本項では粒子法の応用例を紹介する。

　近年は計算機処理速度や実行時メモリ容量が大きくなり，比較的大きな界面の細かな変化を粒子法で模擬できるようになった。CG の映像制作への応用で

は，特に水面の波や飛沫が激しく動くシーンが 2000 年頃から実用的に使われるようになった。

一方，工業分野での解析において，かつては流体シミュレーションのコストが高く，飛行機や自動車など高価な製品の設計（空気抵抗解析）に限られていた。前述の計算機性能向上と粒子法の普及とによりその実用範囲が大きく広がった。**図 3.36** は粒子法による応用例である。

This model has been developed by The National Crash Analysis
Center (NCAC) of The George Washington University under a
contract with the FHWA and NHTSA of the US DOT.

（a） 自動車による水しぶきの跳ね上げ

（b） 地下への浸水 　　　　　（c） 撹拌機中の粉と液体

図 3.36 粒子法による工業分野での流体解析事例
〔提供：プロメテック・ソフトウェア〕

図（a）は自動車走行による水しぶきを解析した結果で，図（b）は地下鉄構内に浸水する場面の再現である。図（c）は撹拌機中の粉に少量の高粘度の液体を混ぜようとする様子をシミュレートした結果である。

演 習 問 題

〔**3.1**〕　式（3.1）の投影変換を図3.4に示す視点座標系に置かれたビューフラス
タムの8頂点について計算し，投影座標系の立方体の各頂点に変換される
ことを確認しなさい。例えば，図3.4のニアクリッピング面左上頂点は $(l,$
$t, -n)$ となり，式（3.1）によって $(-1, 1, -1)$ へと変換される。

〔**3.2**〕　CGによる画像計算で利用される光の振舞いの物理現象を五つ以上挙げな
さい。

〔**3.3**〕　CGで活用される各種計測技術について，モデリング，レンダリング，ア
ニメーションのいずれが目的であるかそれぞれを分類しなさい。

〔**3.4**〕　動力学について3.4節で述べた原理をコンピュータプログラムで実現する
ために，プログラマが容易に利用できる（自分のプログラムから呼び出せ
る）ライブラリと呼ばれる機能群を備えたソフトウェアは「物理エンジン」
と呼ばれる。物理エンジンあるいはそれを含むソフトウェアとしてどんな
製品が提供されているか調査してみよう。

〔**3.5**〕　一辺10mの立方体の空間を想定し，格子法を用いて煙の動きを模擬する
ため一辺10cmの100×100×100個の格子で区切った。物理量の記憶容量
として何個の実数データ（スカラー値）が必要か。速度 v と圧力 p はそれ
ぞれ3個ずつ，密度 ρ は1個のデータで表現し保持するものと想定する。

〔**3.6**〕　一辺10mの立方体の空間を想定し，粒子法で水しぶきの動きを模擬する
ため深さ2mの水を満たす。1cm間隔で水粒子を埋め尽くすために1 000
×1 000×200個の粒子を用意する。物理量の記憶容量として何個の実数
データ（スカラー値）が必要か。

4章 音響処理のための物理

◆ 本章のテーマ

音響処理に関連する物理を，力学と電磁気学の観点から概説する。はじめに単純な
ばねのモデルによる単振動の性質について述べ，その延長としての減衰振動，強制振
動，連成振動についても述べる。つぎに，音の伝搬について述べた後，音の共鳴と倍
音についても述べる。これらの理論は音楽の基本となり，音律についてのさまざまな
知見につながる。最後に，マイクロフォンやスピーカーなどで使われるさまざまな電
磁気的現象についても説明する。本章を通じて，音響処理の背景にある物理的な基本
原理の理解が進むことを期待する。

◆ 本章の構成（キーワード）

4.1 運動方程式と振動現象
　　　　単振動，連成振動，波動方程式
4.2 音の伝搬
　　　　球面波と平面波，進行波と定常波，ドップラー効果
4.3 共鳴と音階理論
　　　　弦楽器や管楽器の共鳴，倍音，純正律と平均律
4.4 音響機器のための電磁気学
　　　　電磁誘導，マイクロフォンとスピーカーの原理，アンプ

◆ 本章を学ぶと以下の内容をマスターできます

☞ 振動現象としての音の声質
☞ 空間中での音の伝わり方
☞ 音楽の背景にある物理現象
☞ 音響機器の動作原理

4.1　運動方程式と振動現象

4.1.1　空気の振動としての音

われわれは，普段特に意識することなく音を聞いて暮らしている。また，喋ったり楽器を演奏したりして，自から音を発生させてもいる。しかし，音とはなになのかを物理的に考える機会は，あまり多くないかもしれない。本章では，音を作り出し，伝播させ，検出するための物理法則について述べていくことにする。

音は媒体の振動である。音の発信源で生じた振動が，途中にある媒体を伝わり，観測装置を振動させる。媒体としては空気を考えるのが最も一般的だが，水や土，木，金属などでも音は伝わる。ただし，媒体がなにも存在しない真空中では音は伝わらない。SF 映画で，宇宙空間での戦闘シーンで敵艦の爆発音が聞こえるシーンが描かれていることがあるが，実際にはそんな音は聞こえないはずである。

真空中で音が伝わらないことは，**図 4.1** に示すような簡単な実験で確かめられる。ビンの中に目覚まし時計を入れ，ビンの口を真空ポンプにつないで蓋をする。目覚まし時計が鳴り始めたら，真空ポンプでビンの中の空気を抜いていくと，しだいに音が小さくなる。音がまったく聞こえないのを確認したら，ビンの蓋を開けて空気を入れると，再び音が聞こえるのがわかるだろう。

ビン　　　　　　　　　真空ポンプ

図 4.1　真空中での音の伝搬を確認する実験

それでは，音はどのようにして媒体を伝わっていくのだろうか。空気中の伝搬を考えるには，空気中の気体分子の動きを考えるべきではあるが，目に見え

ない分子はイメージしにくいので，最初はもっと簡単なモデルで考えてみることにする。ここでは，**図4.2**に示すように，空気分子がおたがいにばねでつながれており，このばねによって振動が伝わっていくと考えてみよう。こうすれば，ニュートンの運動方程式を使って振動の様子を記述することができる。

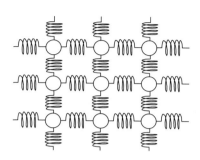

図4.2 空気のばね振動モデル（2次元）

　方程式を解く前に，まずは図4.2で振動がどのように伝わっていくかを考えてみよう。中央の物体をつまんで少しだけ右に動かし，手を放してみる。物体はばねに引っ張られて元に戻ろうとするが，元の位置を通り過ぎ，振動を始める様子がイメージできるはずである。また，その左右にある物体も，ばねを通して引っ張られる力により，やはり振動を始める。さらには，上下にある物体にもいくらかの力が伝わり，振動が伝わるだろう。そしてそこからさらに外側にある物体にも力が伝わり，波が広がっていく姿がイメージできるはずである。

　雰囲気がイメージできたところで，実際の方程式を見てみよう。とはいえ図4.2も十分に複雑である。そこで，さらに簡略化するため，1次元だけで考えることにすると，**図4.3**のようになる。このモデルでの音の伝搬を，運動方程式に基づいて理解できるようになることが，本章の最初の目標である。

図4.3 空気のばね振動モデル（1次元）

4.1.2 単　振　動

問題を 1 次元に絞っても，図 4.3 をいきなり解くのは難しいので，まずは**図 4.4** のようにばねと物体が一つずつしかない状態から考えてみよう。

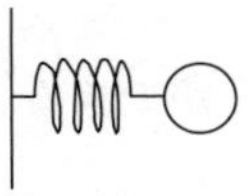

図 4.4　単一の振動子

　　重力の影響を考えなくてよいとすると，物体に掛かる力は，ばねから押したり引いたりされる力だけである。この力の大きさは，**フックの法則**として知られており

$$F = -kx \tag{4.1}$$

となる。ただし，x は自然な状態での物体の位置を 0 として，ばねが伸びる方向がプラス，縮む方向がマイナスになるように定義した物体の位置（変位）である。k はばね定数で正の値をとる。F は物体がばねから受ける力で，正ならば右側に押す力，負ならば左側に引っ張る力であることを表す。

　式（4.1）の x を時間 t の関数だと考え，ニュートンの第 2 法則

$$F = ma \tag{4.2}$$

に代入すれば，単一の振動子の運動方程式を得ることができる。ただし，m は物体の質量である。加速度が変位の時間 2 階微分であることを用いると

$$m\ddot{x} = -kx \tag{4.3}$$

となる。ここで，$\ddot{x}$ は x を時間で 2 階微分したものを表している。この微分方程式を解けば，時間とともに物体がどのように動くかを知ることができる。三角関数の微分の性質を思い出せば

$$x(t) = A \sin(\omega t + \theta) \tag{4.4}$$

という解を推測することはさほど難しくない。ここで，ω は**角周波数**（angular frequency）†と呼ばれる物理量で，$\omega = \sqrt{k/m}$ で表される。また，A と θ は積分の際に生じた任意の定数である。実際に微分方程式を解いて式（4.4）を得るのは難しいかもしれないが，式（4.4）を t で 2 階微分してみれば，式（4.3）

---

†　角振動数，角速度などとも呼ばれる。3 次元空間中の回転現象を表す際には，回転軸の方向を向いたベクトルを角速度と呼び，その絶対値を角周波数と呼んで区別する場合もあるが，振動現象では両者の区別はほとんど必要ない。

を満たしていることが確認できるはずである。

このように，変位に比例する逆方向の力を受ける物体の運動は，時間の三角関数で表される。このような運動を**単振動**（simple harmonic motion）と呼ぶ。シンセサイザなどで生成された**純音**（pure tone）[†1] がサイン波とも呼ばれるのは，その振幅が式（4.4）で表されるためであり，単振動が音の物理的性質の最も基本的な形を表していることがわかる。角周波数 ω は振動の速さを表すが，音響処理の分野では，$f = \omega/2\pi$ で表される f を周波数と呼び，ω よりもこちらを用いることが多い。この場合，単振動の基本的な式は

$$x(t) = A \sin(2\pi f t + \theta) \tag{4.5}$$

となる。周波数の単位は Hz（ヘルツ）であり，人間の聴覚が対応できる音（**可聴音**，audible sound）の周波数は，だいたい 20 Hz から 20 000 Hz（20 kHz）程度と言われている[†2]。なお，定数 A は**振幅**（amplitude）と呼ばれ，最初に物体を大きく押したり引っ張ったりすると，振動の幅が大きくなり，A の値も大きくなる。定数 θ は**位相**（phase）と呼ばれ，どういうタイミングで物体を動かし始めるかによって変わる。

4.1.3 単振動のエネルギー

物理学では，運動に伴うエネルギーを考えることも重要である。式（4.4）で表される単振動をしている物体が持っているエネルギーを考えてみよう。

変位 t の状態にある物体を，さらに Δt だけ右に動かすとしてみよう。ばねが左向きに kt の力で引っ張っているので，それに対抗して kt の力で右に引っ張る必要がある。力学では，エネルギーは力と距離の積で表されるので，このとき必要なエネルギーは $kt\Delta t$ である。変位 0 から始めて変位 A までこの仕事を続けるとすると，必要なエネルギーは $kt\Delta t$ の総和になるが，この値自体が変化するので，実際には以下の積分によって求められる。

[†1] 「倍音を一切含まない音」という意味であるが，倍音の物理的な意味についてはもう少し後で説明する。

[†2] ただし加齢により上限の値は下がっていく。いわゆるモスキート音（周波数17〜18 kHz 程度の音）が若者だけに聞こえ，年配者には聞こえないのはそのためである。

$$E = \int_0^A ktdt = \frac{1}{2}kA^2 \tag{4.6}$$

　こうして変位 A までばねを伸ばし手を離すと，ばねは式（4.4）に従って単振動を始める。手を離した瞬間から物体は元いた場所のほうに戻っていくので，変位 A が元の位置から最も離れた状態ということになるが，sin が −1 から 1 の範囲の値をとることを考えれば，式（4.4）が成り立つことがわかる[†]。

　単振動をしている間はエネルギーの散逸はないので，式（4.6）で表されるエネルギーは保存される。実際には，物体が動いて変位 0 になった状態では，ばね自体に保存されたエネルギーは 0 になってしまうが，そのタイミングでは物体が動いており，最初に持っていたエネルギーはすべて運動エネルギーとなっている。数学が得意な人は，$x(t) = A\sin(\omega t + \pi/2)$ を t で微分して速度を表す式を求め，そこに $t = \pi/2\omega$ を代入して運動エネルギー $mv^2/2$ を求めてみよう。式（4.6）と同じ値になっているはずである。そして，さらに物体が動き，変位が $-x$ となったところで物体の速度は 0 になり，エネルギーはすべてばねに蓄えられることになる。

　ばねのエネルギーを表す式（4.6）では，「振動のエネルギーが振幅の 2 乗に比例する」ということが特に重要である。この性質は実際の音波でも成立しており，音のエネルギーについて考える場合の大事な出発点となる。

　人間が感じる音の大きさも，このエネルギーを基準として数値化することができる。仮に人間が感知できる最小の音のエネルギーを E_0 とすると，相対的な音量は E/E_0 で表すことができる。しかし，日常生活ではこの比率が 1 000 000 000 000 倍ぐらいの音を聞くこともある。このようにダイナミックレンジの広い値を表現するには，対数をとったほうがわかりやすい。また，人間の聴覚細胞の反応特性も，音のエネルギーの対数値にほぼ比例すると言われており，対数値のほうが人間の実感に近い。こうしたことから，音のエネルギーの比率の対数をとり，便宜的に係数 10 を掛けたものを，音圧レベルの指標と

[†]　時刻 $t=0$ で sin が 1 をとるようにするため，$\theta = \pi/2$ とする必要がある。

して用いる。これを式で表すと以下のようになる。

$$L = 10 \log \frac{E}{E_0} \tag{4.7}$$

音圧レベルの単位はデシベル（dB）である。また，エネルギー E の代わりに振幅 x を用いると

$$L = 10 \log \frac{kx^2}{kx_0^2} = 20 \log \frac{x}{x_0} = 20 \log \frac{P}{P_0} \tag{4.8}$$

となる。なお，最後の式変形では，音圧 P が振幅 x に比例することを用いた[†]。P_0 はエネルギー E_0 に相当する音圧である。

表 4.1 は，身の回りのさまざまな環境における音圧の比較である。上記の P_0 にあたる音圧が約 $0.00002\,\mathrm{Pa}$ で，これを基準として音圧レベル $0\,\mathrm{dB}$ とする。これに対し，人間が健康を害さない範囲で聞くことのできる音圧レベルの上限は，$120 \sim 140\,\mathrm{dB}$ 程度とされている。ちなみに，世界保健機構（WHO）は，個人が音楽等を聴く場合の目安として，1 週間の積算音量が $1.6\,\mathrm{Pa^2 h}$ を超えないようにすることを推奨している[2]。

表 4.1 身の回りの音の大きさの比較

音の種類	音圧〔Pa〕	音圧レベル〔dB〕
1 kHz の最小可聴値	0.00002	0
ささやき声	0.0002	20
静かな室内	0.002	40
通常の会話	0.02	60
幹線道路沿い	0.2	80
近傍で聞く大型トラックの走行通過時音	2	100
近傍で聞くジェット機の離陸音	20	120
音として聞ける限界	200	140

〔理科年表 2020[1] のデータを基に作成〕

人間の聴覚細胞は，すべての周波数の音に同じように反応するわけではなく，$2.5\,\mathrm{kHz}$ 付近を最も強く感じ，そこから周波数が離れるにつれて滑らかに感度が下がるような特性を持っている。この感度に合わせた補正を行うフィル

[†] 実際には式（4.1）までさかのぼり，押し返される力が音圧に比例すると考えればよい。

タを **A特性フィルタ**（A-weighting filter）と呼び，補正後の音圧は dBA とい
う単位で示す。

4.1.4 減 衰 振 動

式（4.4）で表される運動は，時間 t がどんなに大きくなっても振動が続く
ことを示している。もちろん現実にはそういうことは起こらないわけだが，そ
の原因となるのが空気抵抗や摩擦である。一般的に，空気抵抗や摩擦の大きさ
は速度に比例することが知られているので，式（4.1）に空気抵抗や摩擦の項
を付け加え，以下のように書き変える。

$$F = -kx - cv \qquad (4.9)$$

ただし，v は物体の速度，c は空気抵抗や摩擦の比例係数である。右辺第1項
がフックの法則によるばねの力，右辺第2項が空気抵抗や摩擦を表している。
この式を運動方程式に代入し，速度 v が変位 x の時間微分であることに注意
しながら，x の微分方程式として書き直すと以下となる。

$$m\ddot{x} = -kx - c\dot{x} \qquad (4.10)$$

ここでも，微分方程式の解法は省略するが，以下の式（4.11）で表される x が
式（4.10）を満たすことを確かめてほしい†。

$$x(t) = Ae^{-\gamma t}\sin(\omega t + \theta) \qquad (4.11)$$

ただし，$\gamma = c/2m$，$\omega = \sqrt{k/m - \gamma^2}$ である。単振動のときの $\omega = \sqrt{k/m}$ と比
べると，ω の値が少し小さくなっているが，これは摩擦や空気抵抗の分だけ振
動が遅くなるということである。また，$e^{-\gamma t}$ という要素があるため，三角関数
の振幅が時間とともに小さくなっていく。こうした様子は，式（4.11）をグラ
フで表した**図 4.5** にはっきりと表れている。時間が経つとともに振幅は小さく
なり，ばねに蓄えられたエネルギーも小さくなるが，その分は，空気抵抗や摩
擦を通じて熱エネルギーとなり，周囲に散逸していることになる。

---

† $k/m \leqq \gamma^2$ の場合には解の形が若干異なるので注意が必要である。これは摩擦や空気抵
抗が大きい場合，振動が起こるまでもなく減衰していく様子を表しており，過減衰と
か臨界減衰と呼ばれる。

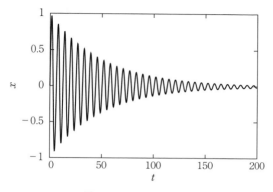

図 4.5 減衰振動の様子

4.1.5 強 制 振 動

今度は逆に，振動を強めるような力が外から加えられる場合を考えてみよう。具体的には

$$F = -kx + c \sin \omega_0 t \tag{4.12}$$

という形を仮定する。この式を運動方程式に代入し，x の微分方程式として書き直すと式（4.13）となる。

$$m\ddot{x} = -kx + c \sin \omega_0 t \tag{4.13}$$

この式を満たす解として式（4.14）が得られる。

$$x(t) = A \sin(\omega t + \theta) + \frac{c}{m(\omega^2 - \omega_0^2)} \sin \omega_0 t \tag{4.14}$$

ただし，$\omega = \sqrt{k/m}$ である。

　この式を見ると，第 1 項は外力がない場合の単振動の式であり，それに第 2 項が付け加わった形となっている。そして，第 2 項の係数は，ω と ω_0 の値が近づくほど大きくなり，両者が等しくなった時点で無限大に発散してしまう。この現象は**共鳴**（resonance）と呼ばれ，振動子がもともと持っている角周波数 ω の値に近い角周波数の外力が与えられると，振動が急激に大きくなる現象を表している。実際，ビルや橋などの建築物がもともと持っている角周波数に近い角周波数の風が吹くと，共鳴が起こってビルや橋が激しく揺れ，最悪の

場合には破壊されてしまう現象が知られており，実際の建築物では，そうした共鳴が起こりにくい形状が取り入れられている[†]。

4.1.6 連 成 振 動

つぎに，**図4.6**のように，二つの物体がばねでつながれたモデルを考えてみる。この場合，二つの物体それぞれについて運動方程式が必要になるが，単一の振動子の場合から類推すれば，以下の式が得られるはずである。

$$m\ddot{x}_1 = -kx_1 + k(x_2 - x_1) \tag{4.15}$$

$$m\ddot{x}_2 = -kx_2 - k(x_2 - x_1) \tag{4.16}$$

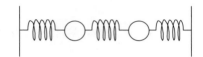

図4.6 連結された二つの振動子

ただし，二つの物体は同じ質量 m を持ち，三つのばねはすべて同じばね定数 k を持つとした。また，左の物体の変位を x_1，右の物体の変位を x_2 で表した。それぞれの式の右辺では，第1項が壁との間のばねから受ける力，第2項がもう一つの物体の側のばねから受ける力を表している。

これらの二つの式の和と差を計算し，$X = (x_1 + x_2)/2$，$Y = (x_1 - x_2)/2$ という変数を導入すると

$$m\ddot{X} = -kX \tag{4.17}$$

$$m\ddot{Y} = -kY - 2kY = -3kY \tag{4.18}$$

というシンプルな方程式を得る。それぞれの式は単一の振動子の式と同じなので，簡単に解くことができて

$$X = A_1 \sin(\omega_1 t + \theta_1) \tag{4.19}$$

$$Y = A_2 \sin(\omega_2 t + \theta_2) \tag{4.20}$$

[†] アメリカ・ワシントン州のタコマ・ナローズ橋の崩落事故が有名であるが，その原因は，ここで示した共鳴よりはもう少し複雑な現象だと言われている。詳しくは巻末の引用・参考文献の3）を参照。

を得る。ただし，$\omega_1 = \sqrt{k/m}$，$\omega_2 = \sqrt{3k/m}$ であり，A_1，A_2，θ_1，θ_2 は任意の定数である。これらから元の x_1，x_2 を求めるのも簡単で

$$x_1 = X + Y = A_1 \sin(\omega_1 t + \theta_1) + A_2 \sin(\omega_2 t + \theta_2) \tag{4.21}$$

$$x_2 = X - Y = A_1 \sin(\omega_1 t + \theta_1) - A_2 \sin(\omega_2 t + \theta_2) \tag{4.22}$$

となる。**図 4.7** は，このような振動の一例を図示したものである。

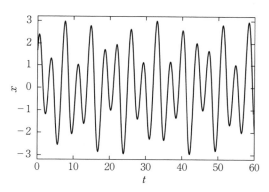

図 4.7 連結された物体の振動の様子

それでは，振動子が三つ，四つと増えていったらどうなるか。一見すると，式の形がどんどん複雑になって手に負えなくなるように見えるかもしれない。しかし，各物体に掛かる力は，自分自身や周囲の物体の変位の線形結合で表すことができるので，行列を使って

$$m\mathbf{a} = \mathbf{K}\mathbf{x} \tag{4.23}$$

と書くことができる。ただし $\mathbf{a}$ は n 次元の加速度ベクトル（n は物体の数），$\mathbf{K}$ はばねが及ぼす力を表す n 次対角行列，$\mathbf{x}$ は n 次元の変位ベクトルである。対称行列 $\mathbf{K}$ は直交行列 $\mathbf{P}$ によって対角化できるので，この式は

$$m\mathbf{a}' = \mathbf{D}\mathbf{x}' \tag{4.24}$$

と書き直すことができる。ただし，$\mathbf{a}' = \mathbf{P}^{-1}\mathbf{a}$，$\mathbf{x}' = \mathbf{P}^{-1}\mathbf{x}$ であり，$\mathbf{D}$ は $\mathbf{K}$ の固有値からなる対角行列である。この式は，結局のところ

$$\begin{cases} m\ddot{x}_1' = d_1 x_1' \\ m\ddot{x}_2' = d_2 x_2' \\ \quad\vdots \\ m\ddot{x}_n' = d_n x_n' \end{cases} \tag{4.25}$$

と書き変えることができ（$d_1, d_2, \cdots$は $\mathbf{K}$ の固有値），この系の運動方程式が n 個の独立した単振動の組合せで表されることを示している。こうして求められる個々の単振動は**モード**（mode）と呼ばれ，各物体は，これらのモードが組み合わさった形で振動する。

4.1.7　波　動　方　程　式

　前項のモデルで3個以上の物体を扱う場合，両端以外の物体に適用される運動方程式は，基本的にすべて同じ形をしている。例えば i 番目の物体の運動方程式は

$$m\ddot{x}_i = k(x_{i+1} - x_i) - k(x_i - x_{i-1}) \tag{4.26}$$

と書くことができる。第1項が $i+1$ 番目の物体との間のばねから受ける力，第2項が $i-1$ 番目の物体との間のばねから受ける力である。

　ここでちょっと記法を変えて，変数 x を物体の位置を表す変数とし，位置 x に存在する物体の変位を $u(x)$ と書くことにしてみよう。さらに，となりの物体との間の距離を Δx と書くことにすると，式（4.26）は

$$m\ddot{u}(x) = k(u(x + \Delta x) - u(x)) - k(u(x) - u(x - \Delta x)) \tag{4.27}$$

となる。この両辺を Δx で割り，Δx の値が十分に小さいと見なしてしまえば，これは微分の定義そのものである。したがって

$$\frac{m}{\Delta x}\frac{\mathrm{d}^2 u}{\mathrm{d}t^2} = k\frac{u(x + \Delta x) - u(x)}{\Delta x} - k\frac{u(x) - u(x - \Delta x)}{\Delta x}$$

$$= k\frac{\mathrm{d}u}{\mathrm{d}x}(x) - k\frac{\mathrm{d}u}{\mathrm{d}x}(x - \Delta x) \tag{4.28}$$

となる。ただし左辺が時間についての微分であることをはっきりさせるため，$\ddot{u}$ の表記を変えた。ここからさらに両辺を Δx で割ると

$$\frac{m}{(\Delta x)^2}\frac{\mathrm{d}^2 u}{\mathrm{d}t^2} = k\frac{\dfrac{\mathrm{d}u}{\mathrm{d}x}(x) - \dfrac{\mathrm{d}u}{\mathrm{d}x}(x-\Delta x)}{\Delta x}$$

$$= k\frac{\mathrm{d}^2 u}{\mathrm{d}x}(x-\Delta x)$$

$$\fallingdotseq k\frac{\mathrm{d}^2 u}{\mathrm{d}x}(x) \tag{4.29}$$

となる（ここでも Δx の値は十分に小さいとした）。

ここまで，変位 u は時間 t の関数なのか位置 x の関数なのか，そのあたりを曖昧に記述してきたが，実際にはその両者の関数であり，$u(x, t)$ と書くべきである。その場合，上記の微分は偏微分で表し，さらに $\Delta x\sqrt{k/m} = c$ とおけば，以下の式を得る。

$$\frac{\partial^2 u}{\partial t^2} = c^2\frac{\partial^2 u}{\partial x^2} \tag{4.30}$$

このように，時間と位置の関数として場が与えられたときに，時間に関する 2 階微分と位置に関する 2 階微分とが比例する場合，その関係を表す式を **波動方程式**（wave equation）と呼ぶ。

物体の変位には方向があるので，1 次元状に並んだばねを考えたが，実際の音波は空気の密度がばねの代わりの役割を果たす。具体的には，密度の高い領域は外側に向けて押す力を生じるし，密度の低い領域は内側に向けて引っ張る力を生じる。このようなモデルにおいて，密度は特定の方向を持たないので，上記の議論を 2 次元や 3 次元にも容易に拡張できる。物体の変位の代わりに空気の密度を $u(x, y, z, t)$ と表すことにすると，波動方程式の表記は式（4.31）のようになる。

$$\frac{\partial^2 u}{\partial t^2} = c^2\left(\frac{\partial^2 u}{\partial x^2} + \frac{\partial^2 u}{\partial y^2} + \frac{\partial^2 u}{\partial z^2}\right) = c^2\Delta u \tag{4.31}$$

上記の省略形で用いられる Δ という記号は，**ラプラシアン**（Laplacian）と呼ばれる。波動方程式の解法についてはここでは触れないが，以下の式（4.32）

が波動方程式の解になりうることは重要である。

$$u = A \sin\left(\omega t - \frac{2\pi}{\lambda} x + \theta\right)$$ (4.32)

ただし $\lambda = 2\pi c/\omega$ であり，この λ のことを**波長**（wavelength）と呼ぶ。これは，ある場所 x に視点を固定して時間の経過を観察すると，各周波数 ω の振動を繰り返していることを表している。また，ある瞬間 t に空間全体を見ると，距離 λ ごとに繰り返す波が広がっていることを表している。そして，時間 t が 1 だけ増える場合と，位置 x が c だけ減る場合とでは，どちらもカッコの中が ω だけ増えるという同じ変化になることから，音の波が形を変えないまま，速度 c で動いていくということになる。

3 次元の場合には，式（4.32）からの類推で，以下の解を得ることができるだろう。

$$u = A \sin(\omega t - \mathbf{k} \cdot \mathbf{x} + \theta)$$ (4.33)

ただし $\mathbf{k}$ は $\omega^2 = c^2 |\mathbf{k}|^2$ を満たす任意の 3 次元実ベクトル，$\mathbf{x} = (x, y, z)$ である。

実際には，式（4.32）における A や ω や θ，あるいは式（4.33）における A や ω や $\mathbf{k}$ の値をさまざまに変えたものを足し合わせても波動方程式を満たすため，さまざまな形の波が空間を伝搬しうることがわかる。そして，このようにして伝搬していくのが，音の基本的な性質ということができるだろう。

最後にもう一つ，波動方程式の重要な性質について触れておく。いま，u_1 と u_2 という二つの関数が，いずれも式（4.31）の解になっているとする。このとき，これらの線形結合である $c_1 u_1 + c_2 u_2$ を u_3 とおいて式（4.31）に代入すると

$$\frac{\partial^2 u_3}{\partial t^2} = \frac{\partial^2}{\partial t^2}(c_1 u_1 + c_2 u_2) = c_1 \frac{\partial^2 u_1}{\partial t^2} + c_2 \frac{\partial^2 u_2}{\partial t^2}$$

$$= c_1 c^2 \Delta u_1 + c_2 c^2 \Delta u_2 = c^2 \Delta u_3$$ (4.34)

となり，やはり波動方程式を満たしていることがわかる。

これは，波動方程式の解として二つの異なる音が存在するとしたら，それらを足し合わせた音も存在しうるということであり，音に対する**重ね合わせの原**

理（superposition principle）として知られている。

4.2 音 の 伝 搬

4.2.1 音 の 速 さ

波動方程式（4.31）に出てきた c とはなんだろうか。波動方程式の解である式（4.32）で，時間 t が 1 だけ増え，変位 x が c だけ増えた状況を考えてみよう。$c=\lambda\omega/2\pi$ であるから，括弧内の第 1 項が ω だけ増え，第 2 項が ω だけ減り，結局変わらないということになる。つまり，時間の c 倍だけ離れた場所では同じ波面が観測されるということで，波が速さ c で進んでいっているということがわかる[†]。

空気中の音速はどのように決まるだろうか。それを調べるために，c の定義式を少し書き変えてみる。

$$c=\sqrt{\frac{k}{m}}=\sqrt{\frac{k/\Delta x^2}{m}}=\sqrt{\frac{F/\Delta x^2}{m/\Delta x^3}}=\sqrt{\frac{\kappa}{\rho}} \tag{4.35}$$

ここで，$\kappa=F/\Delta x^2$ は体積弾性率，$\rho-m/\Delta x^3$ は密度である。これらの定義式は少々強引だが，空気に与えられた圧力と歪みの比率が体積弾性率，単位体積あたりの質量が密度と考えてほしい。

空気以外の媒体中を音が伝わる場合でも，この式で音速を求めることができる。一般に，固体，特に固いものほど体積弾性率が高いため，音速も早くなる。例えば，鉄の中を伝わる音の速さは秒速 6 000 m 近くとなり，空気中の 18 倍近くになる。また，空気の体積弾性率は気温に比例するため，音速は気温の平方根に比例することになるが，日常生活における温度の変化は絶対温度と比べて小さい値なので，摂氏で表した気温 t に対する一次近似を用いて

$$c=331.5+0.6t \tag{4.36}$$

として求めることが多い。

[†] こうなると便利なので c をこのように定義したのは言うまでもない。

4.2.2 縦波と横波，変位波と密度波

これまでに扱ったばねの例でもわかるように，音の波が伝わっていく方向と，振動の方向は同じであった。このような波を**縦波**（longitudinal wave）と呼ぶ。これに対し，進行方向に垂直な方向に振動する波もあり，**横波**（transverse wave）と呼ばれる。**図4.8**に縦波と横波の振動の様子を示す。

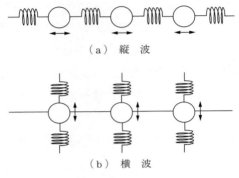

（a）縦波

（b）横波

図4.8 縦波と横波の違い

自然界に存在する波では，光（電磁波）が代表的な横波である。横波の場合，どちらの向きに振動しているかという違いが生まれる。光に生じるこのような違いは偏光と呼ばれる。同じ周波数であっても，振動の方向が異なる複数の光が混ざっている場合，それらを偏光板によって分離することが可能である。しかし音は縦波であるため，こうした違いは生じない。一方，地震の振動は，縦波と横波の両方として伝わる。縦波はP波と呼ばれ，伝搬速度が速いが，揺れはあまり大きくない。横波はS波と呼ばれ，伝搬速度は遅いが，揺れが大きい。この違いを利用して，P波を検知したら素早くS波の到来に備えることで，地震による被害を減らすことができる。

縦波の振動を記述するために，これまでばねの例を用い，物体が基準位置からどれぐらいずれているかを表す変位を振動の大きさとした。こうした表現方法は**変位波**（displacement wave）と呼ばれる。一方，実際に振動している空気分子の一個一個を観測することは困難であり，それよりもある場所での空気の密度を測定するほうがたやすい。密度の変化を用いた波の表現方法は**密度波**

（density wave）と呼ばれる。変位と密度のどちらを用いても，音の周波数や
波長に変化はないが，厳密には多少様子が異なる。その様子を**図4.9**に示す。
ここでは，座標xにおける変位を$u(x) = A \sin x$とし，x軸上で0.01π刻みに
とったxに対し，$x + u(x)$の場所に短い縦線を引いている。また，各場所で
の変位の大きさをy軸方向にとって点線で表している。これを見ると，変位が
減少しながら0となるところ（$x = \pi, 3\pi$）で短い縦線の密度が高くなり，増大
しながら0となるところ（$x = 2\pi$）で低くなっていることがわかる。このよう
な違いがあるため，特に音の反射などを扱う場合には，変位波と密度波のどち
らで議論しているのかを明確にする必要がある。本章では，これ以降はすべて
音を密度波で表すことにする。

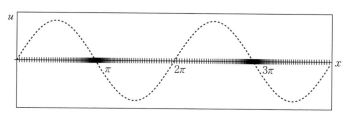

図4.9 変位波と密度波の関係

4.2.3 球面波と平面波

前節では，音波を表す関数が満たすべき方程式と，その解の例について考え
たが，ここで日常生活に戻り，音の伝搬の様子について考えてみよう。

波の伝搬を考えるときに最もわかりやすい例は，池に石を投げ込んだときの
様子である。石が投げ込まれた場所で最初に波が発生し，それが同心円状に広
がっていく。しばらくたって数m離れたところの水が波打っているとき，石
が落ちた場所の水はもう静かになっているかもしれない。音の場合も同じで，
例えばだれかが大声を出すと，その場所で音波が発生し，3次元空間なのでそ
れが同心球状に広がっていく。ある瞬間に音が存在する場所をつなげてできる
球面のことを，**波面**（wavefront）と呼ぶ。**図4.10**は，音の波面が同心球状に
広がっていく様子を図示したものである。

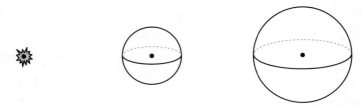

（a） 音が鳴った瞬間 （b） 少し時間が経った状態 （c） さらに時間が経った状態

図 4.10 音の波面が同心球状に広がっていく様子

さて，われわれは，音源から遠く離れると，音が小さく聞こえることを知っている。これを物理的に考えるとどうなるだろう。

最初に考えるのは，エネルギー保存則である。音源から発せられた音の総エネルギーが E だったとしてみよう。一定時間が経ち，音源から 10 m 離れたところに音が伝わったとする。そのとき，総エネルギー E は，半径 10 m の球面上に均一に分布していると考えてよい。半径 10 m の球の表面積は $4\pi \times (10^2)$ $\fallingdotseq 1\,256.6\,\mathrm{m}^2$ なので，エネルギー密度は $E/1\,256.6$ ということになる。さらに時間が経ち，20 m 離れたところまで音が伝わったときには，球の表面積は 4π $= (20^2) \fallingdotseq 5\,026.5\,\mathrm{m}^2$ となり，エネルギー密度は $E/5\,026.5$ となる。

この計算からもわかるとおり，音のエネルギー密度は音源からの距離の 2 乗に反比例する形で減衰していく。エネルギーが振幅の 2 乗に比例することと合わせて考えれば，「音の振幅は音源からの距離に反比例して減衰する」と言ってもよい。この結論は，われわれの直感にもだいたい合致するものと言ってよいだろう。このような波のことを**球面波**（spherical wave）と呼ぶ。

つぎに，球面波の方程式を考えてみよう。振幅が音源からの距離 r に反比例するということをヒントに，以下の式で表される波を考えてみる。

$$u = \frac{A}{r} \sin\left(\omega t - \frac{2\pi}{\lambda} r + \theta\right) \tag{4.37}$$

ただし $r = \sqrt{x^2 + y^2 + z^2}$ である。この式が波動方程式の解になっていることを確かめるためには

$$x = r \sin\theta \cos\varphi \tag{4.38}$$

$$y = r \sin \theta \sin \varphi \tag{4.39}$$

$$z = r \cos \theta \tag{4.40}$$

で表される r, θ, φ を用いる極座標を使って波動方程式を書き変える。式 (4.37) が θ, φ の値に依存しないので，極座標でのラプラシアンの式から，r に関する項を取り出し

$$\Delta = \frac{1}{r^2} \frac{\partial}{\partial r} \left(r^2 \frac{\partial}{\partial r} \right) \tag{4.41}$$

として計算すれば，式 (4.37) が波動方程式を満たしていることが確かめられるはずである。

つぎに，こうして音源から同心球状に広がっていく音を少し離れた場所で聞くという状況を考えてみよう。音源から聴取点までの距離によって，音の伝わり方がどのように見えるかを図示したのが，**図 4.11** である。

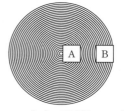

（a） 球面波 　　（b） 音源の近く（A 地点） （c） 音源から離れた場所
　　　　　　　　　　　　　　での波の様子 　　　　　　（B 地点）での波の様子

図 4.11　球面波の観察

図（b）を見るとわかるように，音源から比較的近い場所では，波面が円弧を描いている様子がよくわかる。ところが，音源から離れた場所になると，図（c）のように，波面の曲がりがわかりにくくなり，ほとんど平面のように見える。このことから，音源から十分に離れている場所では，波面は平面であると考えても問題ないと言えるだろう。このような波を**平面波**（plane wave）と呼び，音源から遠い場所では音が平面波で伝わっていると見なす考え方を**平面波近似**（plane wave approximation）と呼ぶ。光に例えると，白熱電球の光は四方八方に広がっていくが，太陽の光は空から直線的に降り注ぐというようなイ

メージである。

平面波近似のもとでは，距離とともに音が広がっていき，それに伴ってエネルギー密度が減っていくことの影響はほとんど無視することができる。その場合，波動方程式の解としては式（4.33）の波を考えることができる。このとき，**k** は波の進行方向を表すベクトルと考えることができる。

4.2.4　進行波と定常波

前項では，音源で発生した音が周囲に広がっていき，やがて平面波と見なせるようになる様子について考えた。では，そのような音が，壁などで反射して戻ってきたらどうなるだろうか。簡単にするため，話を 1 次元に戻し，式（4.32）を出発点として考えてみよう。この式で表される音は，速度 c で進んでいくということだったので，同じ速さで逆向きに進む音は，c の代わりに $-c$ を代入すれば求められる。位相の中の定数 θ がどうなるかは，後述するように反射条件によるが，ここではひとまず θ と θ' という別の値をとるとしておく。そして，そのような二つの音を同時に観測した場合には，音の振幅は両者の和になる[†]。これを式で表すと，三角関数の和積変換公式を使い

$$u = A \sin\left(\omega t - \frac{2\pi}{\lambda} + \theta\right) + A \sin\left(\omega t + \frac{2\pi}{\lambda} + \theta'\right)$$

$$= 2A \sin\left(\omega t + \frac{\theta + \theta'}{2}\right) \cos\left(\frac{2\pi}{\lambda} x + \frac{\theta' - \theta}{2}\right) \tag{4.42}$$

となる。1 行目の第 1 項が左向きに進む波，第 2 項が右向きに進む波を表している。この式の 2 行目では，時間に関係する三角関数（前半の sin）と，空間に関係する三角関数（後半の cos）が完全に分離している。特に後半部分に着目すると，n を整数として，$2\pi x / \lambda + (\theta' - \theta) / 2 = n\pi$ を満たす位置 x では

$$u = \pm 2A \sin(\omega t + \theta) \tag{4.43}$$

となり，振幅 $2A$ の波が観測される。一方，$2\pi x / \lambda + (\theta' - \theta) / 2 = (n + 1/2)\pi$ を満たす位置 x では，時間によらず u は 0 となり，波がまったく観測されな

[†]　4.1.7 項で紹介した「重ね合わせの原理」を参照のこと。

くなる。このように，逆方向に進む二つの波が重なり合った結果，時間の関数
と空間の関数が分離した形で表される状態になった波を，**定常波**（standing
wave，定在波とも言う）と呼ぶ。それに対し，式（4.32）のような波を**進行
波**（traveling wave）と呼ぶ。また，定常波の中で，振幅が最も大きくなる場
所を定常波の**腹**（antinode）と呼び，振幅が0になる場所を定常波の**節**（node）
と呼ぶ。**図4.12**に定常波の例を示す。

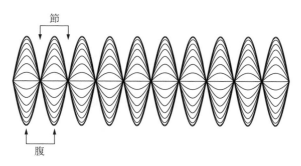

図4.12 定常波の例

4.2.5 音の反射・回折・屈折

音が壁に当たると反射することは，だれもが経験的に知っていることだろ
う。風呂場などでは反射によって音が籠って聞こえるし，山の上から大声を出
せば，遠くの山で反射した声がやまびことして聞こえてくる。壁の材質によ
り，音がほぼ100％反射される場合もあるし，逆にかなりの部分が吸収され，
ごく一部だけが反射される場合もある。**図4.13**に示すように，音の周波数に

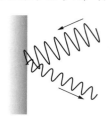

（a） 高周波数の音が100％
近く反射している

（b） 低周波数の音が半分
程度反射している

図4.13 音の反射の例

よって反射率・吸音率が異なることは，光の周波数（色）によって反射が異なり，物がさまざまな色に見えるのと同じような現象だと思ってよい。音が壁に対して斜めに当たったとき，入射角と反射角が等しくなるように反射されるという性質も，光の場合と同じである。

吸音率が高い素材は，防音を目的としてさまざまな場面で用いられる。一般的な家庭であれば，カーテンやカーペットなどの布地があるほうが壁がむき出しになっているよりも音が吸収されやすい。逆に，音を響かせたい場所ではコンクリートのような固い素材を用いる。また，雪が積もっている状況では周囲の音が吸収され，いつもよりも静かに感じる。これは雪の吸音率の高さに起因する現象であり，特に降雪直後の新雪で顕著に生じることが知られている[4]。

反射前の音と反射後の音の関係を，もう少し詳しく見てみよう。両者の周波数は等しく，速度はマイナス1倍になる[†1]。振幅は，壁の材質等によって変化する。では位相はどうなるだろうか。

ここで，音は空気の密度波であることを思い出そう。密度は方向を持たないスカラー値であり，進んできた音が壁際に生み出した密度は，そのまま逆向きの音を生み出すもととなる。このとき，壁が空気の密度に影響を及ぼすことはないので，右向きの音と左向きの音は，壁の地点で同じ位相を持つということになる。その場合，合成された波の振幅は元の波の振幅の2倍となり，壁は定常波の腹となる。このような反射の仕方を（密度波の）**自由端反射**（free end reflection）と呼ぶ[†2]。

音が反射するのは壁に当たった時だけではない。例えば，**図 4.14** に示すように，管の中を伝わってきた音が急に広い空間に出るような場合にも，その一部が反射される。この場合も，周波数や速度，振幅については壁での反射と同じ関係が成り立つが，位相については少し状況が異なる。管の出口の外側に

---

†1　もちろん壁に垂直な方向の速度成分のことである。壁に平行な方向の速度成分は変化しない。

†2　壁に邪魔されて空気分子が動けないので，固定端反射になるのではないかと思う読者がいるかもしれない。これは，音を変位波として習った場合の考え方である。本章では音を密度波として扱うので，壁での反射は自由端反射となる。

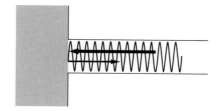

図 4.14　管口での音の反射

は，圧倒的な量の空気があり，一定の密度を保っている。そのため，管の中から音が到達しても，出口付近の空気の密度はほとんど変わらないのである。この場合，変わらないというのは標準からの変化が 0 ということなので，出口付近では音波の振幅が必ず 0 になるということになる。そうなるためにはどうすればよいかというと，反射のときに位相が π だけずれると考えればよい。すなわち，管口の x 座標を 0 として

$$u = A \sin\left(\omega t + \frac{2\pi}{\lambda} x\right) + A \sin\left(\omega t - \frac{2\pi}{\lambda} x + \pi\right) \qquad (4.44)$$

ということである。式 (4.44) で，第 1 項が左向きに進む音，第 2 項が右向きに進む音を表しており，$x = 0$ を代入すると $u = 0$ となる。このような反射を（密度波の）**固定端反射**（fixed end reflection）と呼ぶ。

　なお，実際の管の開口部付近では，内部から来た音が完全に反射するだけでなく，わずかに管の外にも漏れる[†]。そうした影響による変化は，管の中と外との境界面を，仮想的に少し外側にずらして考えることで近似できることが知られている。この補正を**図 4.15** のように示したとき，長さ L を**開口端補正**（open end correction）と呼ぶ。

　つぎに，平面波が壁にぶつかり，そこに小さな穴が開いている場合を考えてみよう。このとき，**図 4.16(a)** のように，穴の場所があたかも新しい音源であるかのように，そこから音が球面波として広がっていく。これは光の波でも知られている**回折**（diffraction）という現象である。一方，図(b)のように，左

[†] そもそも，多少なりとも外に漏れて来なければ，外にいるわれわれが管の中の音を聞くことができない。

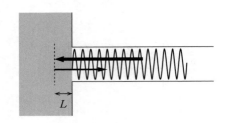

図 4.15 開口端補正

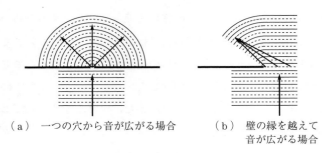

（a） 一つの穴から音が広がる場合　　（b） 壁の縁を越えて
　　　　　　　　　　　　　　　　　　　　　　　音が広がる場合

図 4.16 音の回折

から伸びてきた壁が途中で途切れ，それより右は広く空いている場合はどうだ
ろうか。この場合も同じように回折が起こるが，十分な強さの波が伝わるのは，
垂直方向から一定の角度以内に限られ，壁の裏側ぎりぎりに 90° 回り込むような
音はほとんど観測されない。そのようなことが起こる理由は，図中の矢印のよ
うに，壁の先端の延長線上にあるいろんな点から回折してきた音が，観測点で重
なり合うと考えれば理解できる。そうした音は，それぞれ飛んでくる距離が異
なるため，その分だけ位相がずれる。位相がずれた波を重ね合わせると，プラ
スとマイナスが打ち消し合うこともあるので，音が弱まってしまう。そして，
距離の差を音の波長で割ったものが位相差なので，波長の短い音，つまり周波
数の高い音ほど位相のずれが大きくなり，回り込みにくいということになる。

　音と光の回折の違いも，この波長の説明で理解することができる。人間が聞
く音の波長は，100 Hz の音で約 3.4 m，1 kHz の音で約 34 cm といったところ
である。それに対し，赤い光の波長は約 700 nm[†]，紫の光の波長は約 400 nm

---

† 　1 nm は 1/100 m。

と，数百万倍から数千万倍の差がある。そのため，光の回折を実感することは
ほとんどないのに対し，音は壁の裏にも回り込むように感じるわけである。

　最後に，音の屈折についても述べておこう。光の屈折は，空気とガラスのよ
うに，光の速度が異なる二つの媒体が接している面で起こる。同じように，音
の速度が異なる二つの媒体が接していれば，音が屈折する。空気と水の境界な
どでは，こうした屈折が実際に生じる。また，4.2.1 項で述べたように，音速
は温度によって変わるため，温度の異なる空気の層が接している場合，その境
界面でも屈折は起こる。**図 4.17** は，下側の媒体 1 から上側の媒体 2 に音が進
む様子であるが，波面の右端が境界に到達してから，波面の左端が境界に到達
するまでの間に，波面右端は媒体 2 を距離 L_2 だけ進み，波面左端は媒体 1 を
距離 L_1 だけ進む。したがって，媒体 1 での
音速を c_1，媒体 2 での音速を c_2 としたとき，
$L_1/c_1 = L_2/c_2$ という関係が成り立っていれ
ば，波面が崩れることなく音が伝達しておけ
る。この式を満たすような角度を計算すれ
ば，屈折による音の方法変化を予測すること
ができる。

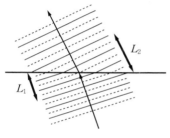

図 4.17　音の屈折

4.2.6　二つの音の干渉

　異なる音源から発せられた音が 1 点で合流したとき，その場所で聞こえる音
の振幅は，それぞれの音の振幅の和になる（**重ね合わせの原理**）。その様子を
具体的に調べてみよう。

　最も簡単な重ね合わせは，二つの音の振幅が同じで，位相が π だけずれて
いる場合である。$\sin(x+\pi) = -\sin(x)$ という三角関数の性質を使えば，位相
が π ずれた音の振幅が，つねに元の音のマイナス 1 倍になること，そして両
者を足せば必ず 0 になることがわかる。一般的なノイズキャンセリングヘッド
ホンは，この性質を利用して，雑音に対する**逆位相**（antiphase）の音を電気
的に発生させることによってノイズキャンセリングを実現している。

周波数が少しだけ異なる二つの音の重ね合わせも重要である。二つのサイン波の和に対して，三角関数の和積変換公式を使うと

$$A \sin(2\pi f_1 t) + A \sin(2\pi f_2 t)$$

$$= 2A \cos\{\pi(f_1 - f_2)t\}\sin\{\pi(f_1 + f_2)t\} \qquad (4.45)$$

となる。例えば，f_1 と f_2 が 1 000 Hz と 1 002 Hz だとすると，これは 1 Hz の振動と 1 001 Hz の振動の積である。人間がこれを聞いたとき，後者は高さ 1 001 Hz の音として感じられるが，前者はむしろ「1 001 Hz の音が，1 秒間に 1 回のペースで大きくなったり小さくなったりしている」と感じられるであろう。このように，周波数の近い二つの音を重ねたとき，両者の振動数の差に相当する振動が感じられることを**うなり**（beat）と呼ぶ。

うなりは音のチューニングにも活用される（**図 4.18**）。例えば，参照用に 440 Hz の音を出す音叉があったとして，ピアノが 444 Hz の音を出しているとき，両者を聞き分けるのは耳の良い人でないと難しいかもしれない。しかし，両者を同時に鳴らしてみれば，差の半分である 2 Hz のうなりが聞こえるはずであり，周波数が一致していないことが用意にわかるというわけである。

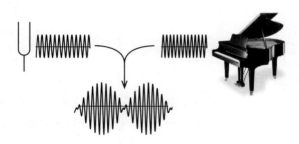

図 4.18 うなりを利用したチューニング

4.2.7 ドップラー効果

特定の周波数を持つ音が音源から発せられると，その音は空気中を伝搬した後，人間の耳に入り，周波数に応じて鼓膜を振動させる。人間が実際に感じる音の高さは，1 秒間に何回鼓膜が振動するかで決まるが，通常の場合，この数

は音源が発した音の周波数と等しい。しかし，音源もしくは聴取者が動いている場合には，必ずしもこの両者が一致するとは限らない。

音源が聴取者に向かって速度 v で近づいてくる場合を考えよう。少し複雑になるが，横軸に時間，縦軸に距離をとり，音源と聴取者の関係を表すと**図4.19** のようになる。まず，時刻 0 に距離 0 の場所に音源があり，周波数 f の音を鳴らし始めたとする。音波の位相が 2π 進んで 1 周するのに掛かる時間（周期）は，$T=1/f$ である。音源の速度を v とすると，時間 T の間に音源は vT だけ聴取者に近づくことになる。

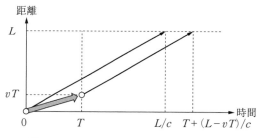

図 4.19 ドップラー効果（音源が動く場合）

さて，聴取者は距離 L の位置に止まっているとして，音速を c とすると，最初に発せられた音が聴取者に届くのは時刻 L/c である。一方，時刻 T に発せられた音は，距離 $L-vT$ だけ進めばよいので，時刻 $T+(L-vT)/c$ に観測されることになる。これを聴取者の側から見ると，1 周期分の音を，$T+(L-vT)/c-L/c=T(1-v/c)$ という時間で観測したことになる。周波数は周期の逆数なので，この値の逆数をとり，$T=1/f$ を代入して整理すると

$$f'=f\frac{c}{c-v} \tag{4.46}$$

というのが，聴取者が感じる周波数ということになる。分母が 1 より小さいので，音源よりも高い音が聞こえるということがわかるだろう。こうした周波数の変化を**ドップラー効果**（Doppler effect）と呼ぶ。近づいてくる救急車のサイレンの音が高く聞こえ，自分の前を通り過ぎて遠ざかり始めると低く聞こえ

るのは，まさにこのドップラー効果によるものである。

一方，聴取者が音源に向かって近づいていく場合はどうなるか。同じように図示すると**図4.20**のようになる。近づいてきた聴取者が音の先頭部分を聞いた地点を基準に考えると，そのとき音の末尾（1周期分ほど先）は，距離 cT だけ後ろから追いかけてきている。ここから，音速 c と聴取者の速度 v の和の速度で音が近づいてくるので，1周期分の音を聞き終わるまでに掛かる時間は，$cT/(c+v)$ となる。この逆数をとって，聴取者が感じる周波数を求めると

$$f' = f\frac{c+v}{c} \tag{4.47}$$

となる。

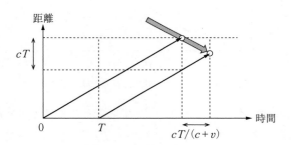

図4.20 ドップラー効果（聴取者が動く場合）

音源と聴取者の両方が動いている場合でも考え方は同じであり，途中の計算は省略するが，聞こえる音の周波数は，音源の速度を v_s，聴取者の速度を v_o として

$$f' = f\frac{c+v_o}{c-v_s} \tag{4.48}$$

となる[†]。

---

† 聴取者の速度も，音と同じ方向をプラスと定義したほうがわかりやすいかもしれない。その場合は分子が $c+v_o$ ではなく $c-v_o$ となる。

4.2.8 衝　撃　波

ドップラー効果の式（4.46）をよく見ると，不思議なことがある。音源の速度 v がどんどん大きくなり，音速 c と等しくなったとたんに，分母が 0 になり，音の大きさが無限大に発散してしまうのである。空気中の音速は常温で秒速約 340 m，時速に直すと約 1 200 km で，飛行機などではありえない速さではないが，このとき音はどうなるのだろうか。

音源の速度が音速と同じということは，ある瞬間に発した音が，音源を同じ速さで追いかけてくるということである。**図4.21** のように，音源の前方で待ち構えている人から見ると，音源が到達した瞬間に，図の A，B，C，D など，過去のあらゆる場所で発せられた音がすべて同時に到着するということである。これはもはや音とは呼べないが，なにか激しい振動になることは予想できるだろう。

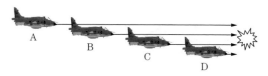

図 4.21　音源が音速で動く場合

さらに音源が速度を増し，音速より速くなったとしよう。この場合，音源は音からどんどん逃げていくことになる。音源の前方にいる人から見ると，音源が通り過ぎた後に，それより前に発せられた音が逆回しのように聞こえてきそうである。これは式（4.46）で周波数が負の数になることからも説明できそうである。

ところでこのとき，**図4.22** の点 Q では，点 A で発せられた音と点 B で発せられた音が同時に到着する[†]。言い方を変えると，ある一定時間に渡って発せられた音が凝縮されて届くわけで，やはり激しい振動が感じられる。そして，図の直線 L 上にあるすべての点では，同じような激しい振動を感じることに

[†]　$|AB|/v_s + |BQ|/c = |AQ|=c$，つまり音源が A から B に動いて音が B から Q に飛ぶのに掛かる時間と，音が直接 A から Q に飛ぶのに掛かる時間が同じということである。

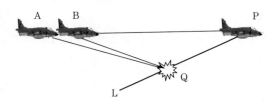

図 4.22 音源が音速よりも速く動く場合

なる。このような状況で感じられる激しい振動のことを**衝撃波**（shock wave）と呼ぶ。このような衝撃波は，超音速旅客機が空を飛ぶ際に発せられ，地表にいる人に不快感をもたらすことから，超音速旅客機の開発にあたっての大きな問題となっている。

　衝撃波の伝わり方は，移動する音源が作る波面の広がりを見ると理解しやすい。図 4.23 は，一定時間ごとに発せられた音の波面の広がりを表している。

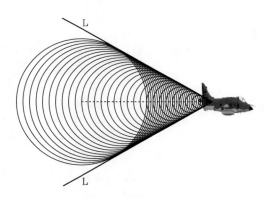

図 4.23 連続する波面が衝撃波を作る様子

例えば，10 秒前に発せられた音の波面は半径約約 3 400 m の球であり，9 秒前に発せられた音の波面は半径約 3 060 m の球でありといった具合である。このとき，図の直線 L（実際には 3 次元空間上の円錐面）の上で，波面を示す線の色が濃くなっており，この場所で衝撃波を感じていることがわかる。

4.3 共鳴と音階理論

4.3.1 管楽器の共鳴

4.2.4項で述べたように，逆方向に進む二つの波が重なると，定常波ができる。ならば，細長い管を用意してその中で音を鳴らせば，定常波を作ることができそうである。ただし，そのためには一つ条件がある。それは，管の両端において，4.2.5項で述べたような境界条件が満たされている必要があるということである。仮に両側が開いている管（**開管**，open pipe）であれば，両端で固定端反射が起こるので，両端に節を持つような定常波が存在しうる。その場合，**図4.24**(a)に示すように，管の中には半波長分の波が存在する。

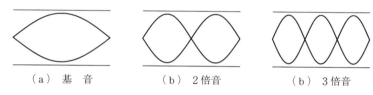

(a) 基音　　　　　　(b) 2倍音　　　　　　(b) 3倍音

図4.24　両側が開いた管の内部に発生する定常波の例

両端を固定端として持つ定常波はこれだけではない。例えば，図(b)は，管の中にちょうど1波長分の波が存在する例である。ほかにも図(c)のような例もあり，さまざまな波長を持つ定常波が存在することがわかるが，その中でも最も波長が長いのが図(a)である。言い換えると，この管の中に存在しうる定常波の中で，最も周波数が低いのが図(a)の場合であり，このような音を**基音**（fundamental tone）と呼ぶ。これに対し，図(b)の例では周波数が基音の倍になっており，これを**倍音**（overtone）または2倍音と呼ぶ。図(c)は基音の3倍の周波数を持つ例であり，3倍音と呼ぶ。このように，管の中には基音の整数倍の周波数を持つ定常波が多数存在しうる。2倍音だけでなく，これら整数倍の周波数を持つ音をすべてまとめて倍音と呼ぶこともある。

つぎに，**図4.25**のように，片側が閉じた管（**閉管**，closed pipe）の例を考えてみる。この場合，閉じた側は自由端，開いた側は固定端になるような定常波を

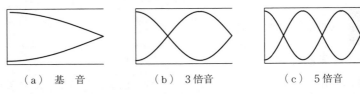

（a）　基　音　　　　　（b）　3倍音　　　　（c）　5倍音

図 4.25　片側が閉じた管の内部に発生する定常波の例

考えなければならない。そのような中で最も長い波長を持つのは図（a）の場合であり，これが基音となる。図からもわかるとおり，基音の波長は管の長さの4倍になる。つぎに長い波長を持つのは図（b）の場合だが，開いた管の場合とは異なり，この音は基音の3倍音である。つぎの倍音は図（c）の5倍音であり，以下7倍音，9倍音と続くように，片側が閉じた管では，奇数次の倍音だけが生じることがわかる。

　このように，管の形と長さが決まると，その中に存在しうる定常波の周波数が決まる。この周波数を持つ音が外から入ってくると，管の中を何度も往復して定常波を作り，音が大きく聞こえるようになる。こうした現象を**共鳴**（resonance）と呼ぶ。そして，このような管の共鳴を利用して音を響かせるのが**管楽器**（wind instrument）である。管楽器では，管全体を使って基音を鳴らすだけでなく，管の途中に開けた穴を利用して波長の長い音を抑制し，さまざまな高さの音を出すことができる。

　基音の波長は管の長さで決まるので，長い管楽器ほど低い音を出せるということになる。ファゴットやチューバの音域が低く，ピッコロやフルートの音域が高いことを思い出してほしい。また，閉管楽器の代表と言われるクラリネットでは，管の長さのわりに低い音が出ることや，偶数倍音がよく鳴らないことなども，図 4.25 を見れば納得できるはずである。

4.3.2　弦楽器の共鳴

　管の中の空気を共鳴させる管楽器に対し，もう一つの代表的な音の出し方が，弦を弾いたり擦ったり叩いたりして振動させる方法である。弦の振動を利用して音を出す楽器を総称して**弦楽器**（string instrument）と呼ぶ[†]。以下で

は弦の振動を物理的に考えてみよう。

　弦の両端が固定され，その中央が上下に振動している状態を考える。**図4.26** は，中央の質点が最も上に来たとき，その質点に働く力を表している。質点の左右には弦の張力 S が働くが，その水平成分は左右の弦で打ち消し合い，垂直成分だけが残る。図中の θ を使って考えると，垂直成分の大きさは $2S\sin\theta$ である。一方，質点の変位は，弦が水平になっているときの長さを L とすると，$(L/2)\tan\theta$ と表される。ここで が十分に小さいと仮定すれば，$\sin\theta \fallingdotseq \tan\theta$ となるため，質点に働く力は変位に比例し，その方向は変位と逆向きになる。4.1.2 項を思い出せば，このような場合に質点が単振動することがわかるだろう。実際には，弦の質量は中心点だけに固まっているわけではないので，上記の説明に対しては若干の補正が必要になるが，「ピンと張った状態から離れるほど，それに比例した力で引き戻される」と考えておけば大きな間違いはない。

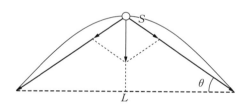

図 4.26　振動している弦に働く力

　上の例では，両端を固定された弦が中央にただ一つの腹を持つような定常波を考えたが，管の場合と同じように考えると，この例が基音となり，それに対する倍音も存在しうることが想像できるだろう。弦の両端が固定端となることを考えると，図 4.24 と同じように，2 倍音や 3 倍音などが存在することがわかる。

　こうした弦の振動は，空気を振動させて音として伝わっていく。そのとき，弦の伸び縮みのタイミングに合わせて空気の密度も変化するので，振動の周期

---

†　（前ページの脚注）ピアノなどの打弦楽器を弦楽器に含めない分類方法もあるが，ここでは弦の振動で音が出る楽器すべてを弦楽器と呼ぶことにする。

や周波数が保たれる。それに対し，弦の振動の波長は，空気の振動の波長とは必ずしも等しくないことに注意が必要である。弦の振動の周波数は，力と変位の比例係数に含まれる張力 S が，4.1.2 項のばね定数 k の役割を果たすことを考えれば，張力 S の平方根に比例するはずである。詳しい導出は省略するが，n 倍音の周波数は

$$f_n = \frac{n}{2L}\sqrt{\frac{S}{\rho}} \tag{4.49}$$

となることが知られている。ただし ρ は弦の線密度である。弦楽器のチューニングをするときに弦を張る力の強さを調整するのは，式（4.49）で S を変えると f_n が変わることを利用している。

4.3.3　ハーモニーと音律

　管楽器や弦楽器の原理からわかるように，ある基音が鳴っているときには，倍音も同時になっていることが多い。何倍音がどれくらいの強さで聞こえるかにより，音色が違って聞こえる。では，ピアノやギターを弾くときに，2 本の弦を同時に鳴らしたら，どんなふうに聞こえるだろうか。

　まったく同じ周波数の音を出した場合，両者に含まれる倍音の周波数はすべて一致する。同じ音を足し合わせるだけなので，音量が増して聞こえることになる。では，片方の弦が出す周波数 f に対し，もう片方の弦が周波数 $2f$ の音を出したらどうなるだろうか。周波数 $2f$ の音の倍音は，$2f$, $4f$, $6f$, … という周波数を持つが，これらはすべて周波数 f の音の倍音でもある。そのため，これら二つの音は，基音の周波数が異なるにもかかわらず，音としての違いは非常に小さく，何の違和感もなく重なって聞こえるだろう。

　そこで，周波数 f の音と周波数 $2f$ の音が同じと見なされるような基準を考える[†]。当然，周波数 $2f$ の音から見れば周波数 $4f$ の音も等しくなるし，$8f$, $16f$ 等も同様である。これは，現代の音楽では**オクターブ**（octave）として知られ

[†]　数学的には「2 を底にする対数をとり，1 を法として同値を定義する」と言えば明確に定義できる。

ている考え方である[†]。この場合，基準となる f を決めると，すべての音を f 以上 $2f$ 未満の音で表すことができる。例えば，周波数 $10f$ の音は，2で割り続ければ $5f, 2.5f, 1.25f$ となるので，周波数 $1.25f$ の音と同じ種類であると見なす。

つぎに，この前提のもとで，ほかにも重要な音がないかを考えてみよう。2倍音や4倍音は上記のとおり同じ音として扱うので，つぎに考えるのは3倍というのが自然だろう。元の音の周波数を f としたとき（仮にこの音を C と呼ぶことにする），周波数 $3f$ の音は1オクターブ以上上なので，そこから1オクターブ下げて $(3/2)f$ を基音として考える。この音は G と呼ぶことにしよう。G の音の倍音の周波数は，$3f, (9/2)f, 6f, \cdots$ となる。C の音の倍音構成と G の音の倍音構成を並べてみると，**図 4.27** のようになる。もちろん重ならない倍音もあるが，$3f, 6f, 9f$ など多くの倍音が共有されていることがわかる。このように，二つの音が倍音の多くを共有し，心地良く聞こえることを，**調和性**（harmony，**ハーモニー**）と呼ぶ。こうして周波数が $3/2$ 倍の音は元の音に対して調和性が良いことがわかったので，この音を「よく使う音」としてキープしておくことにする。

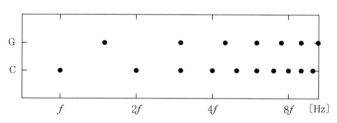

図 4.27 基音 f の音（C）と基音 $(3/2)f$ の音（G）の倍音構成

そこから先は同じ作業の繰返しである。今度は G の3倍音を求め（周波数は $(9/2)f$ となる），そこから2オクターブ下げて，最初の音と同じオクターブ以内に入るようにする（周波数は $(9/8)f$ となる）。この音は D と呼ぶことにしよう。さらに D の3倍音を求め（周波数は $(27/8)f$ となる），1オクターブ下げた音を A と呼ぶ（周波数は $(27/16)f$）。こうした作業を繰り返すと，

---

†　オクトと言えば8であるが，なぜ8なのかは巻末の引用・参考文献の5) などを参照のこと。

図4.28 のようになる。この図の矢印をたどっていくと，11回目でFの音（周波数は (177 147/131 072)ƒ）ができ，さらにその3倍音を2オクターブ下げると，最初のCの音の531 441/524 288倍の周波数となる。これは小数で表すと約1.014であるが，この値がかなり1に近いので，これで作業をやめ，出発点に戻ったと見なすことにする。

音名	周波数比（分数）	（小数）
C	1	1.000
C#	2 187/2 048	1.068
D	9/8	1.125
D#	19 683/16 384	1.201
E	81/64	1.266
F	177 147/131 072	1.352
F#	729/512	1.424
G	3/2	1.500
G#	6 561/4 096	1.602
A	27/16	1.688
A#	59 049/32 768	1.802
B	243/128	1.898

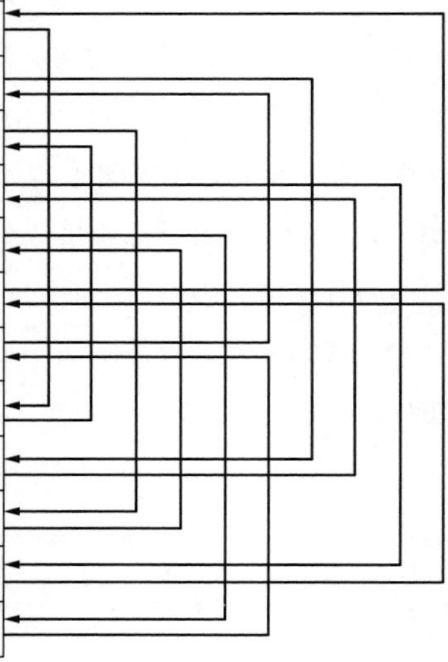

図4.28 ピタゴラス音律

こうして，12個の音をキープして，それぞれの音に名前を付けることにより，いまわれわれが知っているものによく似た音の並びが得られた。CDEFGAB（ドレミファソラシと読み替えてもよい）という7種類の音と，シャープ記号の付いた5種類の音，合わせて12種類である。このようにして得られた音の並びを，**ピタゴラス音律**（Pythegorean tuning）と呼ぶ。

ピタゴラス音律は，理論としてはシンプルだし，実際に音楽を演奏した場合にも，CとG，GとDなど図4.28上の矢印で結ばれている音は，綺麗に調和する。しかし，それ以外の音の組合せとなると，必ずしも調和性が高いとは言えない。例えば，EはCの81/64倍の周波数を持つが，これではCの倍音の

うち最初に E と重複するのが 81 倍音ということになってしまう。しかし，1.266 倍という周波数を 1.25 倍に修正すれば，これは 5/4 倍ということであり，C の 5 倍音が E の 4 倍音と綺麗に重なる。

このように，さまざまな音と音が 3 倍音や 5 倍音の関係になるよう，調整を加えた結果得られた音律を，**純正律**（just intonation）と呼ぶ。純正律におけるおもな音の C に対する周波数比を，**表 4.2** に示す。純正律では，C に対する E，F，A の音の周波数比が，ピタゴラス音律に比べて簡単な分数に設定されており，調和性の高い音の組合せが多くなることがわかる。

表 4.2 3 種類の音律の比較（C に対する周波数比）

音名	ピタゴラス音律		純正律		平均律
C	1.000		1.000		1.000
D	1.125	(9/8)	1.125	(9/8)	1.122
E	1.266		1.250	(5/4)	1.260
F	1.352		1.333	(4/3)	1.335
G	1.500	(3/2)	1.500	(3/2)	1.498
A	1.688	(27/16)	1.667	(5/3)	1.682
B	1.898		1.875	(15/8)	1.888

純正律は，調和性の高い音の組合せを多く持ち，綺麗なハーモニーを奏でやすいという長所があるが，一方で，隣り合う音の周波数比が一定でないという短所がある†。これは，あるメロディーを，すべて隣の音に読み替えて演奏したときに，元の曲に比べると調和性が低くなってしまうということを意味するため，転調を多く使う現代の音楽では大きな欠点となる。そのため，現代の多くの楽器では，1 オクターブを等比数列で 12 等分した**平均律**（equal temperament）が用いられることが多い。平均律では，C に対する E の周波数は約 1.2599 倍，G の周波数は約 1.4983 倍となり，純正率の 1.25 倍，1.5 倍に比べると若干のずれがあることになる。しかし，どの音を基準にとってもこの比率が一定であるため，調によって調波性が変わるということはない。

---

† ピタゴラス音律も同様である。

4.4   音響機器のための電磁気学

音を情報メディアとして扱うためには，もともと空気の振動である音を，電気的な信号に変換し，加工することが必須である。本節では，そうした処理の背景にある電磁気学の基礎を復習し，音と電気を結び付ける仕組みについて述べていくことにする。

4.4.1   電磁誘導と電磁力

音を電気に変換するために用いられるのは，19世紀の物理学者ファラデーによって発見された，**電磁誘導**（electromagnetic induction）の原理である。これは，磁場に対して垂直方向に動く導線には電流が流れるという原理である。力学的な動きから電気を取り出すことができるので，発電機などでも用いられる。

図4.29に示すように，手前のN極から奥のS極に向かって磁力線が存在するとしよう。ここで，図（a）のように水平に置かれた導線を，上向きに動かしたとする。このとき，磁力線の向きとも導線の動きとも垂直な第3の向きに電流が流れるというのが，電磁誘導である。電流が流れる方向は，この図では右から左となる[†]。また，電流の大きさは，磁場の強さと導線が動く速さとに比例する。

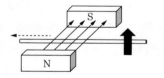

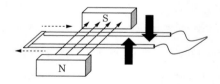

（a）　棒状の導線が動く場合　　　　（b）　コイル状の導線が動く場合

図4.29　電磁誘導の原理

[†]　この状態で，右から左なのか，それとも左から右なのかを覚えるため，フレミングの右手の法則というのが考えられた。しかし，後述する左手の法則と混同する人が多く，あまり覚えやすくなっていないのが実情である。現代では，必要に応じて簡単に調べられるので，無理して暗記する必要もないだろう。

つぎに，図 (b) のように導線をコイル状にした場合を考えてみよう。左右方向を軸としてこのコイルを回転させると，手前側の導線は下から上に，奥側の導線は上から下に動く。このとき，手前側では右から左に，奥側では左から右にという向きになるため，コイル全体でスムーズに電流が流れることがわかるだろう。実際には，コイルが半周するたびに電流の向きが逆になってしまうが，右端の導線のところに整流器と呼ばれる装置を付けておき，半周ごとに電流の向きを入れ替えるようにすれば，コイルが回り続ける間，ずっと同じ向きの電流を取り出すことができるようになる。

ここまでは，磁場と力から電流を取り出す仕組みを述べたが，同じような組合せで，磁場と電流から力を取り出すこともできる。このような力は**電磁力**（electromagnetic force）と呼ばれる。**図 4.30** は，一見すると図 4.29 (a) に似ているが，この例では導線は動いていないものとする。代わりに，導線の両端には外部から電圧供給があり，右から

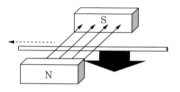

図 4.30 電磁力の原理

左に電流が流れているとする。するとこのとき，上から下の向きに力学的な力が及ぼされる[†]。この力を電磁力と呼ぶ。電流ではなく荷電粒子の移動を考えても同じような力が働く。この力を**ローレンツ力**（Lorentz force）と呼ぶ。電磁力やローレンツ力の大きさは，磁場の強さと流れる電流とに比例する。

電磁力は，電気的なエネルギーを力学的なエネルギーに変えるための基本的な仕組みであり，モーターの原理にもなっている。

4.4.2 電 気 回 路

電話や蓄音機の発明以来，電気を使って音を伝えるさまざまな道具が生み出されてきた。いまでこそコンピュータによるディジタル処理が主流であるが，

[†] この力が上向きになるか下向きになるかを判断するには，フレミングの左手の法則が役に立つ。しかし，前述したとおり，これを暗記するよりは，必要に応じて検索するほうが生産的かもしれない。

それ以前には，電圧や電流の大きさがそのまま音の大きさを表しており，それを回路によって伝えていく必要があった。以下では，そうした電気回路の理論を簡単に復習してみる。

電気回路の基本となるのは，電池に抵抗をつないで1周する回路である。豆電球も抵抗の一種と考えれば，だれもが小学校で試してみた記憶があるだろう。**図4.31**（a）に例を示す。電圧 V を持つ電池に，抵抗値 R を持つ抵抗がつながれており，そこを電流 $I = V/R$ が流れる。こうした単純な例だけでなく，図（b）のように，そこにつなぐ抵抗の数や，導線の接続パターンを変えたときに，それぞれの抵抗を流れる電流や，そこに掛かる電圧がいくつになるのかも計算する必要がある。こうした計算は，以下に挙げる法則を使えば簡単に行うことができる。

（1） 抵抗の両端の電圧は，抵抗値と電流の積である（**オームの法則**）。

（2） ある点に流れ込む電流と流れ出る電流の総和は等しい（**キルヒホッフの第1法則**）。

（3） 回路の任意の周回における電位差の総和は0である（**キルヒホッフの第2法則**）。

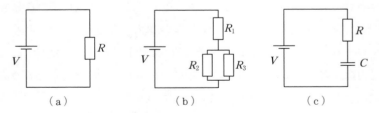

図4.31 簡単な回路の例

図（b）で計算してみよう。R_1，R_2，R_3 に掛かる電圧をそれぞれ V_1，V_2，V_3 とすると，$V = V_1 + V_2$，$V = V_1 + V_3$ という式が成り立つ（キルヒホッフの第2法則）。同じように，それぞれを流れる電流を I_1，I_2，I_3 とすると，$V_1 = R_1 I_1$，$V_2 = R_2 I_2$，$V_3 = R_3 I_3$ という式が成り立つ（オームの法則）。あとは，R_1 が R_2 と R_3 に分岐する点に着目すれば，$I_1 = I_2 + I_3$ となるので（キルヒホッフの第1

法則），これらの方程式を解けば各変数の値が得られる。

　電気回路の基本的な要素として，もう一つ，**コンデンサ**についても述べておこう。コンデンサは，導電性の2枚の板を，わずかな距離だけ離して置いた回路素子である。この2枚の板に電圧を掛けると，正極側にはプラスの電荷が，負極側にはマイナスの電荷が蓄積されていき，一定量になったところで安定する。そうした電荷は，通常であれば導線を通じて流れ出てしまうはずであるが，空間を挟んで反対側にある極の電荷に引き寄せられるため，蓄積され続けるわけである。蓄積される電荷の総量 Q は，コンデンサの形状や電極間距離などによって決まる静電容量 C と，コンデンサに掛けられた電圧 V を使い，$Q = CV$ と表される。

　コンデンサの両極は接続されていないので，電流が流れ続けることはない。例えば，図（c）の例では，電池をつないだ瞬間には電流が流れるが，その結果としてコンデンサに電荷が溜まると，その後はまったく電流が流れなくなる。このように，定常状態だけを見るとコンデンサの役割はわかりにくいが，実際の電気回路では，電圧や電流がつねに変化していることを考えると，コンデンサの有用性がわかってくる。コンデンサに蓄積される電荷 Q というのは，電流 I として流れ込んできたものの総量なので，積分によって表すことができる。そこで，図（c）における電圧 V と電流 I の関係を式にすると

$$V = RI(t) + \frac{1}{C} \int I(t)\, dt \tag{4.50}$$

となる。ただし，電流 I は時間とともに変化するので，$I(t)$ と表した。初期条件 $I(0) = V/R$ としてこれを解くと

$$I(t) = \frac{V}{R} e^{-\frac{t}{RC}} \tag{4.51}$$

という解が得られ，電流がだんだん小さくなっていく様子がわかる。ここで，コンデンサの両極間の電圧を V_c とすると

$$V_c = V - RI = V(1 - e^{-\frac{t}{RC}}) \tag{4.52}$$

となる。これは，V の代わりに V_c を測定するようにしておけば，突然大きな

電圧が掛かった場合でも，測定値は緩やかにしか上昇しないということを表しており，雑音がある場合などにはこうした性質が役に立つことも多い。

4.4.3 マイクロフォンとスピーカー

それでは，これまでに扱ってきた電磁気の性質を元に，音を電気信号に変える**マイクロフォン**（microphone）と，電気信号を音に変える**スピーカー**（loudspeaker）の仕組みについて考えてみよう。

図 4.32(a)のような，コイルと磁石の配置を考えてみる。ただし，磁石のS極は，上下だけではなくコイルの外側全方向を覆っているとする。この状態で，コイルを左から右に動かすとなにが起こるだろうか。例えば，図の上のほうに着目すると，磁場の向きは下から上，導線の向きは前後方向，そして動きは左から右なので，図(b)のようになる。これを図 4.29(a)と比べてみれば，導線の奥から手前の向きに電流が生じることがわかるはずである。実際には，ほかの場所でも同じように電磁誘導が起き，全体として，磁石のN極の右側から見て反時計回りに電流が生じる。

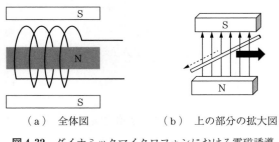

(a)　全体図　　　　(b)　上の部分の拡大図

図 4.32　ダイナミックマイクロフォンにおける電磁誘導

このような電流を音によって生じさせるためには，コイルの左端に，振動板という板を付けておけばよい。図の左側から音が来たとすると，それが振動板に当たって振動板が右向きに動けば，上記のような電流が流れる。逆に，振動板が左向きに動いたときには，逆向きの電流が流れるはずである。こうして，音の振幅が電流の大小に変換される。このような仕組みで動作するマイクロ

フォンのことを，**ダイナミックマイクロフォン**（dynamic microphone）と呼ぶ。

　もう一つの代表的なマイクロフォンが，コンデンサの性質を利用した**コンデ
ンサマイクロフォン**（condenser microphone）である。その仕組みは，**図4.33**
に示したとおりシンプルなもので，コンデンサと抵抗を電源につないだだけで
ある。コンデンサの片側の極に振動板を取り付けるのは，ダイナミックマイク
ロフォンの場合と同様である。図のように，左から来た音が振動板に当たる
と，振動板が右向きに動けばコンデンサの電極間の距離が短くなり，その分だ
け静電容量も大きくなる。逆に，振動板が左向きに動けば，静電容量は小さく
なる。こうした静電容量の変化に伴い，抵抗を流れる電流が変化するため，そ
の値を取り出せば，音の大小を電流の大小に変換できたことになる。なお，コ
ンデンサマイクロフォンでは，あらかじめ電圧を掛けておくための電源が必須
である。これに対し，ダイナミックマイクロフォンは，電源がなくても動作す
る。とはいえ，そこで取り出される信号は微小なものであり，後で述べるアン
プを用いて増幅する必要がある。

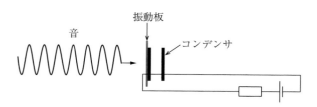

図4.33　コンデンサマイクロフォンの仕組み

　マイクロフォンの動作原理が理解できたら，スピーカーを理解するのは簡単
である。ほとんどのスピーカーは，ダイナミック型と呼ばれる仕組みを使って
おり，その名前から容易に想像できるように，ダイナミックマイクロフォンと
ほとんど同じ形をしている。図4.32（a）のコイルに電流を流すと，コイルに
は横向きの力が加わる。時間とともに電流の向きを変えると，コイルに加わる
力も右向き・左向きと変わる。コイルの先端に振動板を付けておけば，その振
動板が左右に動き，空気の粗密波を生み出すというわけである。

4.4.4 ア ン プ

音をマイクロフォンで取り込んだ直後の電気信号は，一般的にとても小さいものである。ディジタル処理に慣れてしまった人は，数値を 100 倍でも 1 000 倍でもすれば，好きなだけ大きな音に変換できると思うかもしれないが，そもそもディジタル化の段階で量子化誤差が含まれてしまうことは避けられず，できればその前に電気信号を大きくしておきたい。また，アナログ音響処理の世界では，電気信号を必要に応じて増幅することが必要になるのは言うまでもない。時間とともに変化する電気信号を，変化の様子を変えずに一定の割合で増幅する装置を，**アンプ**（amplifier）と呼ぶ。

初期のオーディオでおもに用いられたのが，**真空管**（vacuum tube）によるアンプである。その例を**図 4.34**（ a ）に示す。ここでは，プレート・グリッド・カソードと呼ばれる三つの電極の板が，並行に並んでいる。このとき，ヒーターを使ってカソードを熱すると，電極から電子が飛び出す。ここでプレートがプラス，カソードがマイナスとなるような電圧を掛ければ，飛び出した電子がプレートに向かって飛んでいくと期待できる。ただし，周囲に空気分子がたくさんあると，衝突してなかなかプレートまで飛んでいくことができない。そういった影響を除去するため，全体を真空の管の中に入れる必要があることから，真空管という名前が生まれた。

ここで三つめの電極であるグリッドの出番である。グリッドは，沢山の穴が

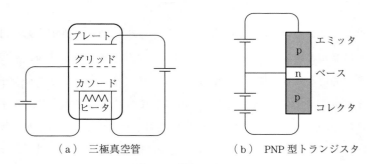

（ a ）　三極真空管　　　　　（ b ）　PNP 型トランジスタ

図 4.34　増幅回路の例

開いた網のような形状にしておく。これならグリッドがあっても邪魔にならず，電子はプレートまで飛んでいくことができる。ところが，ここでさらにグリッドにも電圧を掛ける。この電圧は，先ほどとは逆にグリッドの側がマイナスになるようにしておくと，電子が下から上に飛ぶのを邪魔するようになる。あまり強い電圧を掛けると電子がまったく飛ばなくなってしまうかもしれないが，弱い電圧であれば，電子が飛んでいく勢いを少しだけ邪魔する程度で済むだろう。この状況は，例えば「アクセルを踏みっぱなしの状態で，同時に少しだけブレーキを踏んでみて，踏み具合によってスピードが変わるのを確認する」というようなものである。カソード・グリッド間の電位差が少し大きくなると，カソード・プレート間の電位差がそれ以上に大きくなる。逆に小さくなってもそれが極端になる。こうした変化により，小さな信号を大きな信号に変換できることがわかるだろう。

　20世紀後半には，半導体の普及により，同じようなことを真空を使わずにできるようになった。図（b）に示すのは，**トランジスタ**と呼ばれる半導体素子の例である。半導体とは，電子もしくは正孔と呼ばれる電気伝導の担い手を持った物質のことで，電子により電気が流れるものをn型，正孔により電気が流れるものをp型と呼ぶ。例えば，図（b）のようにp-n-pの順に半導体を接続し，エミッタと呼ばれる上の接点から，コレクタと呼ばれる下の接点に向かって電圧を掛ける。間にあるのがp型半導体だけであれば大きな電流が流れるが，途中に薄いn型半導体を挟んだことで，n型からp型の向きには電流が流れないという半導体の性質により†電流が流れなくなってしまう。

　ここで，真空管のときと同じように，ベースと呼ばれる中央の接点を利用し，上半分のループで弱い電流を流してみよう。pからnという向きなので，問題なく電流が流れる。このとき，中央のn型の層が十分に薄いと，上のp型部分から流れ込んできた正孔が，勢い余って下のp型部分にも流れ込んで

---

　†　np接合で上から下に電流が流れるためには，n型では実際には電子が下から上に，p型では実際には正孔が上から下に流れなければならない。そうなるためには，接合部で電子と正孔のペアがつぎつぎと湧き出してくる必要があるが，実際にはそのようなことは起こらない。

しまう。そうなると，その後はコレクタまで楽に流れていけるので，エミッ
タ・コレクタ間にも電流が流れるようになる。この電流の大きさは，エミッ
タ・ベース間に掛けた電圧に比例するので，これにより増幅が実現できる。

演 習 問 題

〔**4.1**〕　元の音に対し，逆位相の音を一緒に聞くと，元の音が聞こえなくなると言
　　　　　われる。この仕組みを，単振動の式を使って表しなさい。

〔**4.2**〕　平均率で，C（ド）とF（ファ）の周波数の比は約 1.3348 である。これを
　　　　　4/3 と近似した場合，同じオクターブでCとFの音を鳴らすと，同じ周波
　　　　　数になる倍音はCの何倍音とFの何倍音になるか求めなさい。

◆ 本章のテーマ

ゲームの中ではさまざまな物理法則が用いられている。簡単な物理法則だけを考慮するよりも，厳密な物理法則に基づいて設計するほうが，現実のように感じやすいゲームを作ることができる。また，VR 機器も物理法則を利用して作られている。VR 機器を用いたアプリケーションを開発する際には，VR 機器の原理を理解しているほうが，機器の性能を活かすことができるはずである。本章では，力学の中から，ゲームや VR 機器で用いられることが多い法則について説明する。

◆ 本章の構成（キーワード）

5.1　衝突の理論
　　　運動量，運動量保存則，反発係数，弾性衝突，非弾性衝突，力積
5.2　質点系
　　　質点系，外力と内力，質量中心
5.3　回転と角運動量
　　　角速度，角加速度，角運動量
5.4　剛体の力学
　　　剛体，トルク，角運動量保存則，回転運動の運動方程式，慣性モーメント
5.5　VR 機器の原理
　　　加速度センサ，ジャイロセンサ，コリオリ力

◆ 本章を学ぶと以下の内容をマスターできます

☞　ゲームで用いられることが多い力学の法則
☞　VR 環境を構築する機器の原理

衝 突 の 理 論

5.1.1 2物体の衝突と運動量保存則

ゲーム画面の中には，人間や動物などのキャラクター，乗り物，ロボットの
ように自ら動くことができる物体と，建物，壁，箱，ボールのように自らは動
かない物体が配置されている。自ら動かない物体は，ほかの物体から力を受け
たり，重力を受けたりすることによって運動している。物理学では物体が動く
ことをすべて運動と言う。

ここで**運動量**（momentum）とは物体の運動の勢いを示す量である。運動す
る物体の質量が m，速度が $\mathbf{v}$ のとき，運動量 $\mathbf{p}$ は

$$\mathbf{p} = m\mathbf{v} \tag{5.1}$$

で定義される。運動量は速度と同じくベクトルであり，各成分において質量と
速度の積となる。つまり，速度の成分を $\mathbf{v} = (v_x, v_y, v_z)$ と書くとき，運動量 $\mathbf{p}$
$= (p_x, p_y, p_z)$ の成分は，$p_x = mv_x$．$p_y = mv_y$，$p_z = mv_z$ である。また，運動量の
単位は kg·m/s である。

運動量やこれから説明する衝突の理論は，ボールを使うスポーツを考えると
イメージしやすい。例えば，卓球ボールと野球の硬球が同じ速度で飛んでいる
場合，硬球のほうが質量が大きいため運動量が大きい。また，テニスのサーブ
の際，トスの最中よりも，選手が打った後のボールのほうが，速度が大きいた
め運動量が大きいと考えることができる。

では，二つの物体が衝突すると，物体の速度はそれぞれどのように変わるだ
ろうか。それを解くために必要な法則の一つが**運動量保存則**（law of conservation
of momentum）である。運動量保存則とは，二つの物体が衝突するときに，そ
の前後での2物体の運動量の和は変わらないというものである[†]。二つの物体
A，B の質量を m_A，m_B，衝突直前の速度を $\mathbf{v}_A$，$\mathbf{v}_B$，衝突直後の速度を $\mathbf{v}_A{}'$，
$\mathbf{v}_B{}'$ とすると，運動量保存則は式（5.2）で表される。

[†] 衝突だけでなく，一つの物体が二つに分裂する場合にも運動量保存則が成り立つ。分
　　裂後の2物体の運動量の和は，分裂前の物体の運動量に等しい。

$$m_A\mathbf{v}_A + m_B\mathbf{v}_B = m_A\mathbf{v}_A{}' + m_B\mathbf{v}_B{}' \tag{5.2}$$

〔1〕　**1次元の場合**　　まず，一直線上の衝突を考える。1次元の運動であるため，速度をベクトルで表す必要がなくなる。**図5.1**のように，速度 v_B で直進している物体Bと，同じ直線上を物体Bの後ろから速度 v_A で運動している物体Aが衝突した。衝突によって物体AとBの速度はそれぞれ $v_A{}'$，$v_B{}'$ に変化したが，向きは変わらず，同じ直線上を運動し続けたとする。このとき，衝突前後の速度について

$$m_A v_A + m_B v_B = m_A v_A{}' + m_B v_B{}' \tag{5.3}$$

の関係が成り立つ。

（a）　衝突前　　　（b）　衝　突　　　（c）　衝突後

図5.1　一直線上の衝突（同方向）

図5.1において，物体から出る矢印の向きは運動の方向を示し，矢印の長さは速度の大きさを示している。物体Aから出る矢印は衝突後のほうが短いため，物体Aの速度は衝突によって小さくなったことがわかる。物体Aの運動量 $p_A = m_A v_A$ も，衝突によって小さくなった。逆に，物体Bの運動量 $p_B = m_B v_B$ は，衝突によって大きくなったことが図からわかる。運動量保存則より，物体Bの運動量が増加した分だけ，物体Aの運動量が減少したと言える。このことを式で示すと，$m_B v_B{}' - m_B v_B = -(m_A v_A{}' - m_A v_A)$ となる。これは，式（5.3）の項の順番を変えただけの式である。左辺は物体Bの運動量の増加量，右辺は物体Aの運動量の減少量を表している。

一直線上の衝突には，後ろからの衝突だけでなく，正面衝突の場合もある。**図5.2**は，物体Aが右向き，Bが左向きに運動していて，物体Aの正面前方から物体Bが衝突する場合について二つの例を示している。右向きを正の方向と決めると左方向の速度は負の値で表され，どちらの例の場合も，衝突前の物体AとBの速度は，$v_A > 0$，$v_B < 0$ となる。

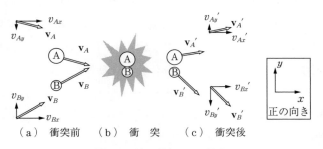

v_A v_B v_A' v_B' v_A v_B v_A' v_B'

（A）→ ←（B）   ←（A）（B）→   （A）→ ←（B）   ←（A）（B）→

衝突前   衝突後   衝突前   衝突後

（a）　衝突後，逆向きに進む場合　　　（b）　衝突でBだけが向きを変える場合

図 5.2　一直線上の衝突（正面衝突）

衝突後の物体 A と B の運動の方向は，物体の質量や速度によって異なる。正面衝突の場合，衝突後，2 物体が逆向きに進み，来た方向に戻っていく場合もあるし，物体 A と B のどちらか片方だけが方向を変えて 2 物体が同じ方向に進んでいく場合もある。どちらの場合でも運動量保存則が成り立つ。

図（a）は，衝突後に物体 A と B の両方が進む向きを変えた場合である。衝突後のそれぞれの速度は，衝突前とは正負が変わり，$v_A'<0$，$v_B'>0$ となる。図（b）は，衝突後に物体 B だけが進む向きを変えた場合である。衝突後のそれぞれの速度は，$v_A'>0$，$v_B'>0$ となる。

〔2〕　2 次元の場合　　つぎに，斜め方向からの衝突について考える。図 5.3 のように，物体 A と B が斜めに衝突し，衝突後に方向を変えて進んだとする。物体 A は最初，右下に向かって進んでいたが，衝突後は右上に向かっている。物体 B は右上に向かって進んでいたが，衝突後は右下に向かっている。

（a）　衝突前　　（b）　衝　突　　（c）　衝突後

図 5.3　斜め方向からの衝突

斜めの衝突では，二つの物体が運動している平面内に x，y 軸をとり，速度を x 成分と y 成分とに分解して考えるとよい。3 次元空間を運動している場合でも，x，y 軸を二つの物体が運動している平面内にとることで，2 次元で考えることができる。2 次元では，速度は $\mathbf{v}=(v_x, v_y)$，運動量は $\mathbf{p}=(p_x, p_y)$ であ

る。式 (5.2) の運動量保存則は，式 (5.4) のように x, y 成分のそれぞれに
ついて成り立つ。

$$\begin{cases} m_A v_{Ax} + m_B v_{Bx} = m_A v_{Ax}' + m_B v_{Bx}' \\ m_A v_{Ay} + m_B v_{By} = m_A v_{Ay}' + m_B v_{By}' \end{cases} \tag{5.4}$$

　図5.3では，右方向を x 軸の正の向き，上方向を y 軸の正の向きとしている。
また，図中にそれぞれの速度ベクトルを x 成分と y 成分に分解したものを示
した。この例では，x 方向の成分は，物体A，Bともに衝突前も衝突後も正の
値である。y 方向の成分は，v_{Ay}' と v_{By} が正の値，v_{Ay} と v_{By}' が負の値である。

　1次元の場合と同様に，運動量の増加量を表すように変形すると，x 成分に
ついては，$m_B v_{Bx}' - m_B v_{Bx} = -(m_A v_{Ax}' - m_A v_{Ax})$ となる。少しくどくなってしま
うが重要なことなので丁寧に説明すると，物体Bの運動量の x 成分が増加し
た分だけ，物体Aの運動量の x 成分が減少したと言える。y 成分が衝突によっ
てどのように変化したかは，x 成分の変化に影響しないということである。同
様に，y 成分については，$m_B v_{By}' - m_B v_{By} = -(m_A v_{Ay}' - m_A v_{Ay})$ となる。物体B
の運動量の y 成分が増加した分だけ，物体Aの運動量の y 成分が減少したと
言える。y 成分の変化量は，x 成分の変化とは関係なく決まる。

5.1.2　壁や床への衝突と反発係数

テニスボールを壁に向かって投げると，ボールは壁に当たって跳ね返る。よ
く弾むスーパーボールを同じ壁に向かって投げると，より大きく跳ね返る[†]。
このような跳ね返りの大きさは，**反発係数**（coefficient of restitution）を用い
て表すことができる。

　物体が壁に垂直に速度 v で衝突して跳ね返り，衝突後の速度が v' であると
き，反発係数 e は

$$e = -\frac{v'}{v} \tag{5.5}$$

[†]　これらは，ボールと壁という2物体の衝突であるが，壁が動かないため，運動量保存
　　則を用いてもボールの速度の変化を知ることはできない。

と表される。反発係数は，衝突直前の速度 v と衝突直後の速度 v' の比である。衝突によって速度の向きが変わるため，v と v' は，一方が正の値で他方が負の値である。v' は 0 になる場合もある。式 (5.5) には負号が付いているため，反発係数は負の値にならない。

壁への衝突について，図を見ながら考えてみよう。**図 5.4** は，右向きに運動する物体が鉛直な壁に垂直に衝突し，その後，左向きに進んでいる。右向きを正の向きとすると，衝突前の速度は $v>0$，衝突後の速度は $v'<0$ となる。もちろん左向きを正の向きとしても構わない。その場合は，$v<0$，$v'>0$ となるが，e は正の向きが右向きでも左向きでも同じ値になる。

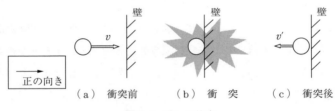

壁 壁 壁

正の向き

（a） 衝突前 （b） 衝 突 （c） 衝突後

図 5.4 壁への衝突

なお，反発係数 e は，物体と壁の材質や特性によって決まる値であり，物体の質量や速度には依存しない。e があらかじめわかっていれば，衝突後の速度は $v'=-ev$ によって求めることができる。つまり，同じボールを同じ壁に向かって投げる場合，球速にかかわらず，衝突すると速度は $-e$ 倍になる。壁だけでなく，床などの平らで動かない平面に対して垂直に衝突する場合にも，式 (5.5) が成り立つ。

反発係数 e の値の範囲は $0 \leqq e \leqq 1$ である。$e=1$ の場合を**弾性衝突**（elastic collision）と言う。$v'=-v$ となり，最もよく跳ね返る衝突である。$0<e<1$ の場合を**非弾性衝突**（inelastic collision）と言い，e が大きいほどよく跳ね返ることになる。スーパーボールがよく弾むのは，ほかのボールの場合と比べて e が大きいからである。また，$e=0$ の場合を**完全非弾性衝突**（perfectly inelastic collision）と言う。$v'=0$ となり，物体は跳ね返らない。衝突後に壁や床にくっ

ついて離れない状態である。なお，反発係数は単位を持たない数値である。

　野球やゴルフなどのスポーツの世界では，ボールの反発係数が規定で定められている。このような規定がないとなにが起こるか想像できるだろうか？　おそらく，反発係数が大きいボールが作られ，飛距離が伸びることになるだろう。野球ではホームランが増え，ゴルフ選手は，より反発係数が大きいボールを入手しようとするだろう。ゲームの世界では，反発係数を用いて，オブジェクトの跳ね返りの程度を調整することができる。ゲームエンジンの多くでは，反発係数が設定できるようになっていて，反発係数の設定によって，ボールの硬さを表現できるのである。

5.1.3　力積と運動量との関係

　力積（impulse）とは，力と，力を受けた時間との積である。力とは物体を押したり引いたりすることで運動の状態を変える働きであり，大きさと向きを持つベクトルである。力積もベクトルである。まずは衝突ではない場面で，力積と運動量の関係について説明する。

　図5.5 において，質量 m の物体が最初は速度 v で運動している。運動している方向と同じ方向に，少しの時間だけ力 F を加えた。その結果，物体の速度は v' に変わったという状況である。力を加えた時間を Δt と書くと，力積は $F\Delta t$ である。力の単位は N，力積の単位は Ns である。

　　（a）　力を加える前　（b）　力を加えている最中　（c）　力を加えた後

図5.5　力積と運動量（1次元の場合）

　力積と運動量の間にはつぎの関係がある。

$$m\mathbf{v}' - m\mathbf{v} = \mathbf{F}\Delta t \tag{5.6}$$

$\mathbf{v}$ は最初の速度，$\mathbf{F}$ は物体が受ける力，$\mathbf{v}'$ は力を受けた後の速度であり，いずれもベクトルである。図5.5の場合では速度と力が同じ方向であるため，ベク

トルを使わずに $mv' - mv = F\Delta t$ と書くことができる。この式からわかるように，力を加える時間が長いほど速度は大きく変化する。また，加える力が大きいほど，速度は大きく変化する。最初の速度と力の方向が異なる場合は，**図5.6** のような 2 次元の運動になる。

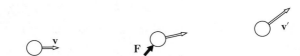

（a）　力を加える前　（b）　力を加えている最中　（c）　力を加えた後

図5.6　力積と運動量（2 次元の場合）

　ここまで説明を省略していたのだが，物体が力を受けている間は，力の大きさと向きが一定であることを前提としていた。しかし，力が変化している場合でも同様の関係が成り立つ。物理的に厳密な言葉使いにはなっていないが，力積とは，受けた力の累積である。力積と運動量の間の関係は，運動量の変化は受けた力の累積と等しい，というものである。このことを式で書くと，積分を用いて

$$mv' - mv = \int_{t_1}^{t_2} \mathbf{F} dt \tag{5.7}$$

となる。t_1 は力を受け始めた時刻，t_2 は力を受け終わった時刻である。

　運動量の変化は力積だけ与えれば求められるという点が重要である。力が変化していく場合に，各時刻での力の大きさと向きがわからなくても，力積だけがわかればよいのである。また，力積が同じであれば，力の時間変化が異なっていても運動量の変化は同じになる。

　つぎに，物体が衝突するときの力積について考えてみよう。図5.4 のように物体が壁と垂直に衝突するとき，物体は進行方向と逆向きの力を壁から受ける。力を受けていた時間は非常に短く，瞬間的な力である。力の大きさと，力を受けていた時間は容易にはわからないし，衝突の最中に受ける力の大きさは変化しているかもしれない。しかし，衝突前後の運動量の変化を測定すれば力積の大きさを求めることができる。

図5.3のように運動する2物体の衝突の場合，衝突している間，物体Aは物体Bから力を受け，物体Bは物体Aから力を受ける。この二つの力は，たがいに逆向きで大きさが同じである†。そのため，物体Aが受けた力積と，物体Bが受けた力積についても，たがいに逆向きで大きさが同じである。力積と運動量との間の関係は，それぞれの物体について成り立ち

$$m_A\mathbf{v}_A' - m_A\mathbf{v}_A = 物体Aが受けた力積$$

$$m_B\mathbf{v}_B' - m_B\mathbf{v}_B = 物体Bが受けた力積$$

である。このような運動する2物体の衝突の場合も，力は瞬間的に働き，力を受けていた時間と力の大きさは容易にはわからない。

ゲームエンジンでは，物体の速度を変化させるために，物体に加える力を設定することもできるし，物体に加える力積を設定することもできる。力を設定した場合は，運動方程式を用いて物体の速度が計算される。力積を設定した場合は，力積と運動量の関係式を用いて物体の速度が計算される。衝突のように瞬間的に力を受ける場合は，力積を用いるほうが便利なことが多い。

5.1.1項〔2〕では，x, y軸を二つの物体が運動している平面にとり，2次元で考えた。しかしゲーム開発の際は，わざわざ軸を変更する必要はなく，ゲームシーンで使っているx, y, z軸のまま計算できる。3次元をそのまま扱う場合は，式 (5.4) に $m_A v_{Az} + m_B v_{Bz} = m_A v_{Az}' + m_B v_{Bz}'$ を追加した3式が成り立つ。

5.2 質 点 系

5.2.1 外 力 と 内 力

質点（mass point）とは，質量を持つが大きさが無視できるほど小さい点のことである。実際の物体には当然大きさがあるが，大きさを無視して質点と見なすことで，運動を簡潔に説明できる。前節でも，物体の質量についてだけ書き，大きさについては触れてこなかった。つまり，物体を質点と見なして運動

---

†　物体Aが物体Bから力を受けると，物体Bは物体Aから力を受け，これらの二つの力は大きさが等しく向きが逆である。このことを作用反作用の法則と言う。

を説明した。大きさのある物体については，5.4節で説明するが，ここでは，大きさを無視しても，現実の物体と掛け離れた運動になるわけではないことを先に述べておく。質点と見なしても，現実の大きさのある物体の運動を説明できるのである。

　質点系（mass point system）とは，複数の質点の集まりのことである。質点の個数を n で表し，$n=2$ の場合を2質点系と呼ぶ。多数の質点が集まっている場合を n 質点系と呼ぶ。複数の質点をまとめて扱うことで，個々の質点の運動ではなく，系全体としての運動を説明することができる。

　図5.7は三つの質点からなる質点系の例であり，各質点にそれぞれ三つの力

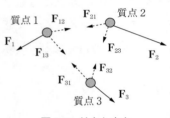

図5.7　外力と内力

が働いている。質点1には，$\mathbf{F}_1$，$\mathbf{F}_{12}$，$\mathbf{F}_{13}$ の三つの力が働いている。この中で，$\mathbf{F}_{12}$ は質点2から引かれている力であり，$\mathbf{F}_{13}$ は質点3から引かれている力である。このように，質点系の内部のほかの質点から及ぼされている力のことを**内力**（internal force）と呼ぶ。それ以外の，質点系の外部から及ぼされている力のことを**外力**（external force）と呼ぶ。$\mathbf{F}_1$ は外力である。質点2に働く $\mathbf{F}_{21}$ は，質点1から引かれている力であるが，$\mathbf{F}_{12}$ と $\mathbf{F}_{21}$ は，作用反作用の法則により，大きさが同じで向きが逆向きである。つまり，$\mathbf{F}_{12}=-\mathbf{F}_{21}$ が成り立つ。ほかの力についても同様であり，実線で示した力が外力で，点線で示した力が内力である。内力の例としては，質点がほかの質点に衝突した際に，二つの質点の間に働く力や，二つの質点が直線状に張ったひもでつながっている際に，両方に掛かる張力などがある。

5.2.2　質点系の質量中心と運動方程式

　質点系の質量の分布の平均的な位置のことを**質量中心**（center of mass）と言う。**図5.8**に示すように，n 個の質点があり，それぞれ質量が $m_1, \cdots, m_n$，位置ベクトルが $\mathbf{r}_1, \cdots, \mathbf{r}_n$ であるとする。質量中心の位置 $\mathbf{r}_c$ は

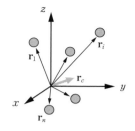

図 5.8　n 質点系の質量中心

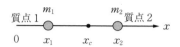

図 5.9　2 質点系の質量中心

$$\mathbf{r}_c = \frac{1}{M} \sum_{i=1}^{n} m_i \mathbf{r}_i \tag{5.8}$$

と表される。ここで，$\mathbf{r}_i = (x_i, y_i, z_i)$ は i 番目の質点の位置ベクトル，M は全質量（$M = m_1 + \cdots + m_n$）である。ベクトルを成分で表すと

$$\mathbf{r}_c = (x_c, y_c, z_c) = \frac{1}{M} \left(\sum_{i=1}^{n} m_i \mathbf{x}_i, \sum_{i=1}^{n} m_i \mathbf{y}_i, \sum_{i=1}^{n} m_i \mathbf{z}_i \right) \tag{5.9}$$

となる。2 質点系の場合は，**図 5.9** のように二つの質点を通る直線を x 軸にとると，位置ベクトルの y 成分と z 成分が 0 になる。このとき，質量中心の x 座標 x_c は，全質量（$M = m_1 + m_2$）を用いて

$$x_c = \frac{m_1 x_1 + m_2 x_2}{m_1 + m_2} = \frac{m_1 x_1 + m_2 x_2}{M} \tag{5.10}$$

と書くことができる。

　つぎに，質点系の運動方程式について考えてみよう。図 5.7 の例に戻り，三つの質点の質量をそれぞれ m_1，m_2，m_3，加速度ベクトルを $\mathbf{a}_1$，$\mathbf{a}_2$，$\mathbf{a}_3$ とする。各質点についての運動方程式は

$$m_1 \mathbf{a}_1 = \mathbf{F}_1 + \mathbf{F}_{12} + \mathbf{F}_{13}$$
$$m_2 \mathbf{a}_2 = \mathbf{F}_2 + \mathbf{F}_{21} + \mathbf{F}_{23} \tag{5.11}$$
$$m_3 \mathbf{a}_3 = \mathbf{F}_3 + \mathbf{F}_{31} + \mathbf{F}_{32}$$

となる。この 3 本の式を足し合わせ，作用反作用の法則（$\mathbf{F}_{21} = -\mathbf{F}_{12}$，$\mathbf{F}_{31} = -\mathbf{F}_{13}$，$\mathbf{F}_{32} = -\mathbf{F}_{23}$）を使うと

$$m_1\mathbf{a}_1 + m_2\mathbf{a}_2 + m_3\mathbf{a}_3$$

$$= \mathbf{F}_1 + \mathbf{F}_2 + \mathbf{F}_3 + \mathbf{F}_{12} + \mathbf{F}_{13} + \mathbf{F}_{21} + \mathbf{F}_{23} + \mathbf{F}_{31} + \mathbf{F}_{32}$$

$$= \mathbf{F}_1 + \mathbf{F}_2 + \mathbf{F}_3 \tag{5.12}$$

となり，内力の項が消えてしまう。これは $n=3$ の場合の式であるが，一般の n 質点系の場合でも同様に内力が消え

$$\sum_{i=1}^{n} m_i\mathbf{a}_i = \sum_{i=1}^{n} \mathbf{F}_i \tag{5.13}$$

と書くことができる。$\mathbf{a}_1, \cdots, \mathbf{a}_n$ は n 個の質点それぞれの加速度ベクトルである。$\mathbf{F}_1, \cdots, \mathbf{F}_n$ は，n 個の質点それぞれに働く外力である。各質点について，外力が複数ある場合は，外力の和で置きかえる。内力はこの中に含まない。

この式を使って，質量中心の運動方程式を導出する。まず，速度ベクトルは位置ベクトルの時間微分であり，加速度ベクトルは速度ベクトルの時間微分であることを思い出そう。$\mathbf{v} = (\mathrm{d}/\mathrm{d}t)\mathbf{r}$，$\mathbf{a} = (\mathrm{d}/\mathrm{d}t)\mathbf{v}$ である。この関係から，式 (5.8) の両辺を時間で微分すると，質量中心の速度ベクトル $\mathbf{v}_c$ の式が得られ，さらに微分すると質量中心の加速度ベクトル $\mathbf{a}_c$ の式が得られる。

$$\mathbf{v}_c = \frac{\mathrm{d}}{\mathrm{d}t}\mathbf{r}_c = \frac{1}{M}\sum_{i=1}^{n} m_i\mathbf{v}_i, \quad \mathbf{a}_c = \frac{\mathrm{d}}{\mathrm{d}t}\mathbf{v}_c = \frac{1}{M}\sum_{i=1}^{n} m_i\mathbf{a}_i \tag{5.14}$$

式 (5.13)，(5.14) より

$$M\mathbf{a}_c = \sum_{i=1}^{n} \mathbf{F}_i \tag{5.15}$$

が得られる。これが，質量中心についての運動方程式である。

この式はシンプルであるが，重要で興味深い事柄を示している。M は質点系の全質量であるから，あたかも，全質量が質量中心に集まり，すべての外力が質量中心に掛かった場合の運動方程式の形になっている。すなわち，質量中心は，すべての力が掛かっているような運動をする特別な点なのである。

質量中心の運動を具体的にイメージするために，ヌンチャクを思い浮かべてほしい。カンフー映画によく出てくる武器であり，2本の棒が，ひもや鎖でつ

ながっているものである。ここで，2本の棒の質量が等し
く，それぞれを質点と考え，ひもや鎖の部分の質量を無視
する。つまり，2質点系として考える。このヌンチャクの
一方の棒を持ち，振り上げながら鉛直上方へ投げ上げる
と，**図5.10**のようにヌンチャクは回転しながら上昇する。
図の点線は，一方の棒の中心の軌跡を示したものである
が，複雑な動きとなっている。図の黒丸は，ひもや鎖の中
心点を示しており，この2質点系の質量中心と等しい。黒
丸の運動は，鉛直方向の直線状であり，単純な鉛直投げ上
げとなっている。この運動において，このヌンチャクに働
く力を考えてみよう。それぞれの棒は，重力とひもの張力
の二つの力を受けている。張力は2本の棒の間だけで働く
ため，内力と見なすことができ，外力は各棒の重力だけで

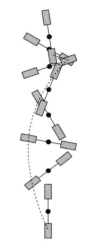

図5.10 2質点系の
鉛直投げ上げ

ある。棒の質量を m として，式（5.15）に代入すると，$2ma_c = mg + mg$ であ
り，これは，質量が $2m$ の質点に重力だけが掛かっている単純な運動方程式で
あることがわかる。このようにして，図5.10のように質量中心が鉛直投げ上
げと同じ軌跡をたどることが説明できた。

　質点系の各質点の運動は，質量中心を基準とした相対運動で考えると理解し
やすくなることが多い。**図5.11**は，投げ上げ中のヌンチャクについて，質量
中心の位置を揃えて描いたものである。このヌンチャ
クの棒は，質量中心を中心として円運動を行っている
だけであることがわかる。このように，質点系の全体
の運動を説明する場合は，質量中心の運動と，質量中
心を基準とした各質点の相対運動とに分けるとよい。

図5.11 2質点系の鉛直
投げ上げの相対運動

5.2.3　質点系の運動量保存則

　n 質点系において外力が働かないとき，運動量の総和は一定である。つま
り，n 個の質点の速度を $\mathbf{v}_1, \cdots, \mathbf{v}_n$ とすると

$$\sum_{i=1}^{n} m_i \mathbf{v}_i = 一定 \tag{5.16}$$

である。

じつは，5.1.1項で示した運動量保存の式（式（5.2））は2質点系の場合の式である。2物体の衝突というのは，2質点系の運動の中の一つの場合であり，衝突前後で運動量が変わらないというのは，運動量が一定というのと同じ意味である。

ところで，重力は外力であるから，衝突問題において式（5.16）は成り立たないのではないだろうか？ 重力が働いていると厳密には運動量保存則は成り立たない。しかし，衝突前後の比較のように，とても短い時間だけで考えるときは，重力による影響が無視できる。そのため，運動量保存則を使うことができるというわけである。

5.3 　回転と角運動量

5.3.1 　角速度と角加速度

円運動は質点が円周の上を回る運動である。円の中心が回転の中心であり，

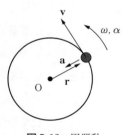

図 5.12 　円運動

通常は反時計回りに回るときを正の方向とする。**図5.12** のように円の中心を原点とし，位置ベクトル **r** の質点が円運動を行っている。このとき，速度 **v** は，円の接線の方向を向いている。1.1.2項でも説明したように，**v** は時間とともに絶えず向きが変わっている。**v** の大きさが一定である円運動を等速円運動と言う。加速度 **a** は，単位時間に **v** がどれだけ変化したかを表す量であり，等速円運動においては原点の方向を向くベクトルとなる。

円運動する質点が単位時間にどれだけ回転したかを表す量を**角速度**（angular velocity）ω と言う。角速度は1秒当たりの回転角で示し，単位は rad/s である[†]。等速円運動は，ω が変化せずに一定の値である円運動であり，1周に T

〔s〕掛かる場合，$\omega = 2\pi / T$ が成り立つ。T のことを周期と言う。

角加速度（angular acceleration）α は，単位時間に角速度 ω がどれだけ変化したかを表す量であり，単位は $\mathrm{rad}/\mathrm{s}^2$ で示す。微分を使って書くと，角速度 ω と角加速度 α の関係は，$\alpha = d\omega/dt$ である。ここで，t は時間である。

回転運動の速度と角速度の間には便利な関係があり，加速度と角加速度の間にも同様の関係がある。

$$v = r\omega \tag{5.17}$$

$$a = r\alpha \tag{5.18}$$

ここで，r は位置ベクトルの大きさ（$r = |\mathbf{r}|$）であり，円の半径である。v は速度ベクトルの大きさ（$v = |\mathbf{v}|$），a は加速度ベクトルの大きさ（$a = |\mathbf{a}|$）である。ところで，この段落では，円運動ではなく回転運動と書いてあることに気が付いただろうか？　円運動と回転運動という言葉は，同じ意味であると考えてよい。ただ，円運動は，軌道が円であることを重視しているため，半径が一定でなく，時間で変化していくような回転は回転運動と呼ばれることが多い。

5.3.2　角　運　動　量

角運動量（angular momentum）とは質点の回転運動の勢いを示す量である。名前からもわかるように，運動量と似ている量である。違いは，運動量がすべての運動をまとめた勢いを表すのに対し，角運動量は回転運動に限定した勢いを表すという点である。運動量 $\mathbf{p}$ は，式（5.1）に示したとおり，質量が m，速度ベクトルが $\mathbf{v}$ のとき $\mathbf{p} = m\mathbf{v}$ である。この式は，質点が回転運動をしている場合も成り立つ。

角運動量 $\mathbf{L}$ は，回転運動の中心を原点としたときの位置ベクトル $\mathbf{r}$ と運動量 $\mathbf{p}$ を使って

---

† （前ページの脚注）角速度 ω は波や振動においても出てきた量である。定義は少し異なるが，考え方の基本は同じである。波や振動は，円運動を射影して得られる運動であり，波や振動の1回は円運動の1回転に相当する。

$$\mathbf{L} = \mathbf{r} \times \mathbf{p} = m\mathbf{r} \times \mathbf{v} \tag{5.19}$$

と定義される。角運動量も運動量と同じくベクトルであり，式中の×は**外積**（cross product）を示している。また，角運動量の単位は $\mathrm{kg\, m^2/s}$ または Nms である。

ベクトルの外積とは

二つのベクトル $\mathbf{a} = (a_x, a_y, a_z)$，$\mathbf{b} = (b_x, b_y, b_z)$ の外積 $\mathbf{c} = (c_x, c_y, c_z)$ は，記号×を用いて $\mathbf{c} = \mathbf{a} \times \mathbf{b}$ と表す。外積で得られた結果 $\mathbf{c}$ もベクトルであり，その成分は

$$c_x = a_y b_z - a_z b_y, \quad c_y = a_z b_x - a_x b_z, \quad c_z = a_x b_y - a_y b_x$$

と求められる。また，外積の大きさは，二つのベクトルが作る平行四辺形の面積と等しくなる（**図 5.13**）。

すなわち，$\mathbf{a}$ と $\mathbf{b}$ のなす角を用いて

$$|\mathbf{c}| = |\mathbf{a} \times \mathbf{b}| = |\mathbf{a}||\mathbf{b}| \sin\theta$$

となる。外積の向きは，$\mathbf{a}$ と $\mathbf{b}$ に垂直で，右ねじを $\mathbf{a}$ から $\mathbf{b}$ に回したときに進む方向である。

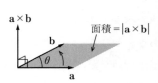

図 5.13　外積の定義

図 5.14(a)に示すように，質点が原点 O を中心とした円上を運動しているとき，速度ベクトル $\mathbf{v}$ の向きは円の接線方向であり，$\mathbf{v}$ は，位置ベクトル $\mathbf{r}$ と垂直である。このとき，角運動量 $\mathbf{L}$ は，$\mathbf{r}$ と $\mathbf{v}$ の両方に垂直な方向となる。角運動量の大きさ L は

$$L = |\mathbf{L}| = m|\mathbf{r}||\mathbf{v}|\sin\theta \tag{5.20}$$

である。θ は，$\mathbf{r}$ と $\mathbf{v}$ のなす角である。図(a)のように，$\mathbf{r}$ と $\mathbf{v}$ が垂直な場合は，$\theta = \pi/2$，$\sin\theta = 1$ であるため，$L = mrv$ となる（$r = |\mathbf{r}|$，$v = |\mathbf{v}|$）。このと

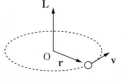

（a）　円運動をする質点

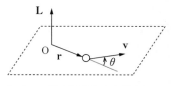

（b）　一般の運動をする質点

図 5.14　角運動量

き，速度と加速度の間の関係式 (5.17) を用いると

$$L = mrv = mr(r\omega) = mr^2\omega \tag{5.21}$$

と表すこともできる。

　円運動でない運動についても，角運動量は求められる。図 (b) に示すように，速度 **v** で運動している質点に対し，任意の位置に原点 O を決める。このとき，**v** と **r** とは一般には垂直にはならないが，角運動量 **L** は，**r** と **v** の両方に垂直な方向となる。つまり，角運動量 **L** は **r** と **v** を含む平面の垂線と同じ方向になる。式 (5.20) からわかるように，角度 θ は，角運動量の大きさに影響する。**図 5.15** に示すように，$\theta = \pi/2$ のときに $\sin\theta$ が最大になり，角運動量が大きくなる。$\theta = 0$ のときは $\sin\theta = 0$ となり，角運動量も 0 である。$\theta = \pi$ のときも $\sin\theta = 0$ となり，角運動量が 0 である。角運動量が 0 であるということは，回転していないという意味である。

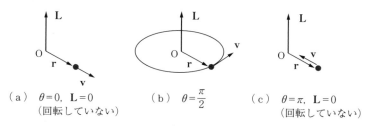

（ a ）　$\theta = 0$, $L = 0$　　　　（ b ）　$\theta = \dfrac{\pi}{2}$　　　　（ c ）　$\theta = \pi$, $L = 0$
　　　　（回転していない）　　　　　　　　　　　　　　　　　　　　（回転していない）

図 5.15　角度 θ と角運動量の大きさの関係

　注意すべきなのは，角運動量は，原点に対してのみ意味を持つ量であるということである。角運動量は原点に対する回転の勢いを表している。ほかの点に対する回転について知りたいときは，その点を原点として角運動量を求める必要がある。

5.4　剛 体 の 力 学

　ここまでの節では，質点と質点系の運動について扱ってきた。本節では，より実際の物体の運動を詳しく説明するために，剛体について学ぶ。

5.4.1 剛体と質点系

剛体とは，大きさがあり，変形しない物体である。例を挙げると，柔かいゴムボールは押すと凹むため剛体ではないが，ボウリングのボールは押しても変形しないので剛体である。輪ゴムは引っ張ると伸びるし，薄い紙は折れ曲がるので，どちらも剛体ではない。ただ，剛体であるかどうかは，物質の種類や形状だけで決まるものではない。例えば，野球の木製バットは，硬く変形しないので通常の運動を説明する際には剛体と考えてよい。しかし，強い力が加わると折れることがあるし，鋭い物が当たると表面に傷が付くこともある。このような，折れたり傷が付いたりする現象について考える場合は，剛体として扱ってはいけない。一般に，物体が変形しないか，変形が無視できるほど小さい状況での運動について考える場合は，剛体として扱ってよい。

ちなみに，剛体は英語で rigid body である。ゲーム開発をする人には聞きなれた言葉ではないだろうか。ゲームエンジンでは，物理演算を実行させる設定の名称に rigidbody が含まれる場合が多いからである。つまり，それらはオブジェクトが剛体であると設定しており，変形しないという前提でオブジェクトの運動をゲームエンジンが高速に計算してくれるのである。変形するオブジェクトの運動を計算できるゲームエンジンもあるが，変形の詳細な計算は計算量が多くなるため，リアルタイム計算が必要なゲームではあまり用いられない。そのため，剛体はゲーム開発の中で頻繁に用いられる。

剛体の運動を考える際，質点系として考えるとわかりやすい場合がある。剛体を非常に細かく分割し，分割されたおのおのの破片を質点と見なし，多数の質点が集まった質点系として剛体を扱うのである。**図 5.16**(a)は，剛体である立方体を分割したものであり，一つの球が一つの質点を表している。図に書

(a) 小球に分割   (b) 正方形（立方体）に分割

図 5.16 剛体の質点系モデル

く都合で 64 個の球になっているが，実際にはもっと多くの質点に分けたほうがよい。図（b）は豆の形状の物体を質点に分割したものである。一つの正方形が一つの質点を表している。このような質点系モデルで考える場合，変形しないという性質は，どの二つの質点をとっても，その距離が変わらないと表すことができる。また，すべての質点の質量の和が，剛体の質量になる。

5.4.2 剛体の並進運動と回転運動

剛体の運動には，向きが変わる運動と向きが変わらない運動の二つがある。向きが変わる運動を回転運動，向きを変えずに位置が変わっていく運動を並進運動と呼ぶ。**図 5.17**（a）は回転運動の例である。左は，立っていた四角柱が倒れる運動であり，右は，豆の形の物体が黒い点を通る軸を中心に回転する運動である。図（b）は並進運動の例である。左は，四角柱が右奥のほうへ動く運動であり，右は，物体が向きを変えずに円周上を移動する運動である。このように，曲線上を移動していても，向きが変わらない場合は並進運動である。並進運動とは，直線上を移動する運動という意味ではない。

どのような並進運動も，x, y, z 軸の 3 方向の変位を用いて表すことができ

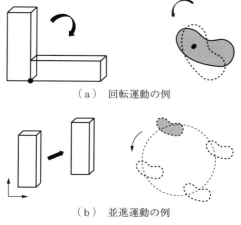

（a） 回転運動の例

（b） 並進運動の例

図 5.17 剛体の運動の種類

る。また，どのような回転運動も，x, y, z軸の3軸を回転軸とし，三つの回転軸周りの回転角度によって表すことができる。さらに，剛体のどのような運動も，並進運動と回転運動の和で表すことができる。質点系モデルで考えた場合，並進運動は，すべての質点が同じ向きに同じ距離だけ平行移動する運動である。同様に，回転運動は，すべての質点が同じ角度だけ回転する運動である。

5.4.3 作用線の定理と力のつり合い

　質点に加わる力について扱うときは，力の向きと大きさだけを考えればよかった。剛体では力を加える場所も重要である。それは，力の向きと大きさが同じであっても，加える場所によって異なる効果が得られるためである。例えば，机の上に鉛筆が立ててあるとき，鉛筆の上のほうを左に押すと，鉛筆は左に倒れる。しかし，下のほうを左に押すと，鉛筆は右に倒れる。つまり，押す場所が異なると倒れる向きが異なる。

　力が加わる点のことを**作用点**（point of application）と言う。先ほどの鉛筆の例では，鉛筆を押す位置が，押す力の作用点である。作用点という用語はおそらく，てこの仕組みと一緒に学んだことがあるだろう。支点，力点，作用点の作用点である。てこに力を加える点を作用点と呼ぶのと同じである。

　作用線（line of action）とは，作用点を通り，力の向きに沿った直線である。便利なことに，剛体に働く力の作用点を，作用線上のほかの点に移動させても，力の向きと大きさが変わらなければ，その効果は変わらない。このことを**作用線の定理**（principle of transmissibility of force）と呼ぶ。**図 5.18** はリングに力を加えて動かす場合を示しており，作用点 A に力 $\mathbf{F}_A$ が加わっている。そして，この力の作用線は，リングの反対側の点 B と交わっている。作用線の定理によると，作用点 A に力 $\mathbf{F}_A$ を加える代わりに，大きさと向きが $\mathbf{F}_A$ と同

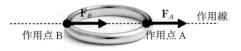

図 5.18 作用線の定理

じである力 $\mathbf{F}_B$ を点 B に加えても，その効果は変わらないと言える。

　図 5.19 は，豆の形状の剛体に三つの力が働いている。3 本の作用線が 1 点で交わっており，作用線の定理を用いてその交点に移動させると，三つの力を合成できる。このとき，$\mathbf{F}_1 + \mathbf{F}_2 + \mathbf{F}_3 = 0$ が成り立てば，力が完全に打ち消される。この剛体が静止しているときに，この三つの力が加わっても剛体は静止したままである。図 5.20 の例では，剛体に二つの力が働いている。この二つの力は，大きさが同じで向きが逆向きである。つまり，$\mathbf{F}_1 + \mathbf{F}_2 = 0$ が成り立つ。しかし，作用線が平行であって交わらないため，力を合成することができない。この剛体が静止しているときにこの二つの力が加わると，回転運動を始める。

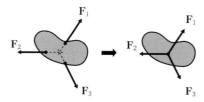

図 5.19　作用線の定理と力の打ち消し

図 5.20　同じ大きさで
逆向きの二つの力

　図 5.19 と図 5.20 はどちらについても，剛体に働く力の総和が 0 であり，式 (5.22) のように表される。

$$\sum_{i=1}^{n} \mathbf{F}_i = 0 \tag{5.22}$$

このことを剛体に働く力がつり合っているという。力がつり合っているとき，静止している剛体は並進運動をしない。しかし，力がつり合っていても，図 5.20 のように剛体が回転運動を始める場合がある。回転運動も始めないためには，条件がもう一つ必要である。

5.4.4　ト　ル　ク

　トルク（torque）とは，剛体に回転運動を引き起こす能力を示す量である。

力のモーメント（moment of force）と呼ばれることもある。位置ベクトルが **r** である剛体内の点に対して，力 **F** を加えると，原点 O を中心とする回転運動を引き起こす。このとき，トルク **N** は外積を用いて

$$\mathbf{N} = \mathbf{r} \times \mathbf{F} \tag{5.23}$$

と定義される。

　図 5.21 は，豆の形状の剛体を示し，原点 O を通って紙面に垂直な軸の周りに回転することができる。点 A に力 **F** を加えると，この物体は原点 O を通る軸の周りを回転する。このとき，原点 O を始点とした点 A の位置ベクトルを **r** とすると，**N** = **r** × **F** が点 A に加えられたトルクである。トルクは，注目する一つの点を中心とした回転を起こす能力を表すものであり，作用点の位置ベクトル **r** は，その注目する点を始点（原点）として求める。

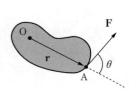

図 5.21　剛体の一点に加わる力

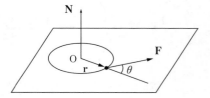

図 5.22　トルクの方向

　トルクはベクトルであり，トルクの向きは，そのトルクが表す回転運動の方向を示している。トルクの向きが右ねじの進む方向になるように右ねじを置いたときに，右ねじを締める際の回転方向が，そのトルクが表す回転運動の方向である。**図 5.22** に示すように，トルクの向きは **r** と **F** の両方に垂直な方向となる。

　トルクが大きいほど回転を起こす能力が強い。トルクの大きさ N は，**r** と **F** のなす角を θ とすると，外積の定義より

$$N = rF \sin \theta \tag{5.24}$$

と求められる。r は位置ベクトルの大きさであり，$r = |\mathbf{r}| = \sqrt{x^2 + y^2 + z^2}$ である。ある点に大きさが F の力を加えるとき，$\sin \theta$ が大きいほうが N が大きくなり，より強く回転させることができる。$\sin \theta$ が最大になるのは $\theta = \pi/2$ の

とき, つまり **r** と **F** が垂直のときである。**r** と **F** が平行のとき, つまり $\theta=0$ または $\theta=\pi$ であるとき, $N=0$ となり, 回転運動を引き起こさない。

また, r が大きいほど N が大きくなる。つまり, 原点から遠い点に力を加えるほうがより強く回転させることができる。このことをてこに当てはめると, 支点から力点までの距離が長いほど, 小さい力で物体を持ち上げることができる。

外積の定義と計算方法は, 5.3.2 項の囲みを再度確認してほしい。各ベクトルの成分を $\mathbf{r}=(x, y, z)$, $\mathbf{F}=(F_x, F_y, F_z)$ とすると, 外積の定義より, $\mathbf{N}=(N_x, N_y, N_z)=(yF_z-zF_y, zF_x-xF_z, xF_y-yF_x)$ と計算される。

ところで, ボルトを締めたり緩めたりするときに使うスパナという工具は, 柄の部分に力を加えてボルトに回転運動を起こさせる。ボルトとスパナを合体させて一つの剛体であると考えるとよく, 柄の長いスパナほど, 小さい力でボルトに大きなトルクを加えることができる。余談であるが, ボルトを締めるときに思い切り力を入れて締め付けるのは, 正しい締め方ではない。締め付けが強すぎると, ボルトがむしろ緩んだり, 場合によっては壊れたりする。各ボルトには適正な締め付けトルクが決まっている。ボルトに掛かっているトルクを測定することができるトルクレンチという工具もある。

一つの剛体に複数の力が加えられているとき, 引き起こされる回転運動はトルクの総和によって決まる。n 個の力がそれぞれの作用点に加わっているときのトルクの総和 **N** は, 式で書くと

$$\mathbf{N}=\sum_{i=1}^{n}\mathbf{r}_i\times\mathbf{F}_i \tag{5.25}$$

となる。トルクの総和が 0 であるとき, トルクがつり合っていると言う。静止している剛体に働くトルクがつり合っているとき, 剛体は回転運動をしない。例として, **図5.23** のように三つの力が働いている場合, 三つのトルクの和 $\mathbf{r}_1\times\mathbf{F}_1+\mathbf{r}_2\times\mathbf{F}_2+\mathbf{r}_3\times\mathbf{F}_3$ が 0 になるときトルクがつり合い, この物体に回転は生

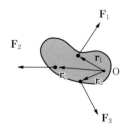

図5.23　剛体のトルクのつり合い

じない。式（5.22）と合わせると，静止している剛体が並進運動も回転運動も
しないでそのまま静止し続ける条件は，力の総和が 0，トルクの総和が 0 の両
方が成り立つことである。

5.4.5　剛体の角運動量

剛体の角運動量とは，剛体の回転運動の勢いを示す量である。剛体の角運動
量 $\mathbf{L}$ は質点系モデルで考えたとき，各質点の角運動量の総和になる。回転軸
の周りを剛体が回転しているとき

$$\mathbf{L} = \sum_{i=1}^{n} \mathbf{L}_i = \sum_{i=1}^{n} m_i \mathbf{r}_i \times \mathbf{v}_i \tag{5.26}$$

である。質点系の角運動量の定義において，位置ベクトルは回転運動の中心を
原点（始点）としたものであった。回転軸の周りを回転する剛体の各質点にお
いて，回転運動の中心とは，質点から回転軸に下ろした垂線が回転軸と交わる
点である。したがって，式（5.26）における $\mathbf{r}_i$ の始点は，すべての i において
同一の点ではなく，その質点から回転軸におろした垂線が回転軸と交わる点で
あることに注意してほしい。

各質点の速度 $\mathbf{v}_i$ について考えてみよう。**図 5.24** は，豆の形状の剛体が点 O
を通る回転軸の周りを角速度 ω で回転している様子を示している。質点は円
運動をしているため，$\mathbf{v}_i$ の向きは円の接線方向であり，$\mathbf{r}_i$ と $\mathbf{v}_i$ のなす角 θ は
$\pi/2$ である。よって，$|\mathbf{r}_i \times \mathbf{v}_i| = r_i v_i \sin(\pi/2) = r_i v_i$ となる。また，$\mathbf{r}_i \times \mathbf{v}_i$ の向
きは，$\mathbf{r}_i$ と $\mathbf{v}_i$ の両方に垂直な方向であるから，回転軸の方向になる。すべて
の質点の角運動量 $\mathbf{L}_i$ が同じ方向を向くため，剛体の角運動量の大きさ L はつ
ぎのようになる。

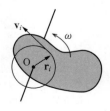

図 5.24　回転軸の周りに回転する
剛体中の質点の円運動

$$L = |\mathbf{L}| = \sum_{i=1}^{n} L_i = \sum_{i=1}^{n} m_i r_i v_i \tag{5.27}$$

さらに，各質点の角速度についても考えてみる。剛体の回転運動はすべての質点が同じ角度だけ回転するものであったから，各質点の角速度は同じ大きさとなる。その角速度を ω とすると，式（5.17）より $v_i = r_i \omega$ となる。これを（5.27）に代入すると

$$L = \sum_{i=1}^{n} m_i r_i^2 \omega = \left(\sum_{i=1}^{n} m_i r_i^2 \right) \omega = I\omega \tag{5.28}$$

となる。ここで，$I = \sum_{i=1}^{n} m_i r_i^2$ とおいた。この I のことを**慣性モーメント**（moment of inertia）と言う。慣性モーメントは，質量がどのように分布するかを表す量である。慣性モーメントが大きいほうが回転しにくい。

5.4.6　角運動量保存則と回転運動の運動方程式

トルクは回転運動を引き起こす能力であるから，角運動量を変化させる能力であるとも言える。角運動量 $\mathbf{L}$ で回転している剛体に，少しの時間 Δt だけトルク $\mathbf{N}$ を加えた結果，角運動量が $\mathbf{L}'$ に変わったとする。このとき

$$\mathbf{L}' - \mathbf{L} = \mathbf{N}\Delta t \tag{5.29}$$

という関係が成り立つ。この式を力積と運動量の関係（式（5.6））と比べてみよう。運動量を角運動量，力をトルクに置き換えた式になっている。

運動量保存則と同じように**角運動量保存則**（law of conservation of angular momentum）がある。角運動量保存則とは，剛体に働くトルクの総和が 0 であるならば角運動量は変化しない，というものである。$\mathbf{N} = 0$ であるので，$\mathbf{L}' = \mathbf{L}$ となる。つまり，もともと回転していた場合は同じ角運動量で回転し続ける。回転していなかった場合は，回転しないままである。

式（5.29）において，角運動量の変化量を $\Delta \mathbf{L}$ と書くと，$\Delta \mathbf{L} = \mathbf{N}\Delta t$ となる。これを微分を使って書くと以下となり，これを**回転運動の運動方程式**（equation of motion for rotational motion）と言う。

$$\frac{d\mathbf{L}}{dt} = \mathbf{N} \tag{5.30}$$

つぎに，角加速度について考えてみよう。剛体中のすべての点は，回転軸の周りに同じ角加速度 $\alpha = d\omega/dt$ で円運動をする。質点 i の加速度 $\mathbf{a}_i$ の大きさは，式 (5.18) と同じように $a_i = r_i\alpha$ である。また，角加速度を用いて回転運動の運動方程式を表すこともできる。

$$N = I\alpha \tag{5.31}$$

N はトルク $\mathbf{N} = \mathbf{r} \times \mathbf{F}$ の大きさ，I は慣性モーメントである。$\mathbf{r}$ を求めるときの始点 O は角運動量を求めるときと同様に，各質点から回転軸に下ろした垂線が回転軸と交わる点である。

式 (5.30) と式 (5.31) は，いずれも回転運動の運動方程式である。異なる形になっているが，式 (5.28) を用いてつぎの式 (5.32) のように変形すると，同じ式であることがわかる。

$$\frac{d\mathbf{L}}{dt} = \frac{d}{dt}(I\boldsymbol{\omega}) = I\frac{d\boldsymbol{\omega}}{dt} = I\boldsymbol{\alpha} \tag{5.32}$$

式 (5.32) 中では角速度と角加速度をそれぞれベクトル量として扱い，$\boldsymbol{\omega}$，$\boldsymbol{\alpha}$ と表している。角速度と角加速度はこれまでスカラー量としてきたが，ベクトル量として扱われる場合もある。ベクトル量として扱う場合，円運動において角速度ベクトル $\boldsymbol{\omega}$ の向きは回転軸の方向（右ねじを締める向きに回転するときにねじが進む方向）である。角加速度ベクトル $\boldsymbol{\alpha}$ の向きは $\boldsymbol{\omega}$ の時間変化によって決まる。

つぎに，式 (5.30) と式 (5.31) を（回転運動ではない普通の）運動方程式 $m\mathbf{a} = \mathbf{F}$ と比べてみよう。加速度 $\mathbf{a} = d\mathbf{v}/dt$ に運動量 $\mathbf{p} = m\mathbf{v}$ を入れると，$m\mathbf{a} = m(d\mathbf{v}/dt) = d\mathbf{p}/dt$ となる。つまり，運動方程式は $d\mathbf{p}/dt = \mathbf{F}$ と書ける。ここで運動量を角運動量，力をトルクに置き換えると，式 (5.30) になる。また，$m\mathbf{a} = \mathbf{F}$ において，質量を慣性モーメント，力をトルクに置き換えると式 (5.31) になる。

5.4.7　回転運動の運動エネルギーと慣性モーメント

質点 i の質量を m_i，速度の大きさを v_i とすると，質点 i の運動エネルギーは $(m_i v_i^2)/2$ となる。回転軸の周りを回転する剛体の運動エネルギー K は，剛体中のすべての質点の運動エネルギーの総和として求められる。

$$K = \sum_{i=1}^{n} \frac{1}{2} m_i v_i^2 = \sum_{i=1}^{n} \frac{1}{2} m_i r_i^2 \omega^2 = \frac{1}{2} \left(\sum_{i=1}^{n} m_i r_i^2 \right) \omega^2 = \frac{1}{2} I \omega^2 \tag{5.33}$$

慣性モーメント I が大きいほうが運動エネルギーが大きくなる。

このように，慣性モーメント I は，角運動量，運動方程式，運動エネルギーを求めるときに必要な量である。慣性モーメント I は，剛体の形状と質量の分布がわかれば計算することができる。特に，いくつかの代表的な形状の場合は，単純な式になることが知られている。便利な式であるので，以下に載せておく[1]。いずれの場合も質量分布（密度）が一様であり，剛体全体の質量が M である。

（1）　球（回転軸が球の中心を通る場合）

$$I = \frac{2}{5} MR^2, \quad R は球の半径$$

（2）　円筒（回転軸が円筒の中心軸である場合）

$$I = \frac{1}{2} MR^2, \quad R は円の半径$$

（3）　細い棒（回転軸が棒に垂直で長さ方向の中心を通る場合）

$$I = \frac{1}{12} ML^2, \quad L は棒の長さ$$

（4）　細い棒（回転軸が棒に垂直で棒の端を通る場合）

$$I = \frac{1}{3} ML^2, \quad L は棒の長さ$$

（5）　直方体（回転軸が一つの面に垂直で中心を通る場合）

$$I = \frac{1}{12} M(a^2 + b^2), \quad a, b は回転軸が横切る長方形の辺の長さ$$

5.5   VR機器の原理

5.5.1 ヘッドマウントディスプレイの構成

ヘッドマウントディスプレイとは，頭に装着して使うディスプレイを指し，目のすぐ前に映像を表示させる表示部分がある。VR用ヘッドマウントディスプレイは，ユーザの視界のほとんどをディスプレイで覆うように作られており，ユーザはまるで映像空間の中にいるように感じることができる。この映像空間のことをVR空間と言う。ユーザはVR空間の中にいて，首を傾けると目の前の映像も傾いて見えるし，顔の向きを変えると，その方向の映像が見える。また，ユーザが歩くと，VR空間の中で移動した位置からの映像を見ることができる。

これらの機能を実現するために，VR用ヘッドマウントディスプレイにはさまざまなセンサが搭載されている。**表**5.1にその用途と種類を示す。

表5.1 VR用ヘッドマウントディスプレイに用いられるセンサの例

用 途	センサの種類
顔の向きと傾きの計測	加速度センサ，ジャイロセンサ
頭の位置の計測	赤外線センサ
その他	
視線の追跡	赤外線センサ（瞳孔に照射した赤外線を検出）
瞳孔間距離の測定	IPDセンサ
接触の検知	近接センサ

向きと傾きを計測する加速度センサとジャイロセンサは**慣性センサ**（inertial sensor）とも呼ばれる。この二つについて，この後で説明していく。位置の計測については，赤外線センサを用いる方式のほかに，ヘッドマウントディスプレイに複数のカメラを埋め込み，画像認識で位置を追跡する方式もある。カメラに使われるイメージセンサもセンサの一つであるので，表に挙げてもよいかもしれない。また，ヘッドマウントディスプレイ内に搭載される以外にも，VRシステムにはセンサが用いられている。手に持つコントローラにも慣性センサが用いられている。また，赤外光カメラや可視光カメラを部屋に設置して

頭の位置を計測する方式もある。

5.5.2　加速度センサ

加速度センサ（acceleration sensor）は，加速度の大きさと向きを計測することができる。上下，左右，前後の3方向の加速度を計測することができるものは3軸加速度センサと呼ばれ，2方向だけの2軸タイプや，1方向だけの1軸タイプもある。VR用ヘッドマウントディスプレイでおもに使われているのは3軸加速度センサである，加速度を積分すると（累積していくと）速度になり，速度を積分すると距離になることから，加速度センサによって測定している間に動いた距離を求めることができる。つまり，測定開始時の位置がわかっていれば，測定中の位置がすべてわかることになる。しかし，VR用ヘッドマウントディスプレイでは，位置計測にほかのセンサ類が使われることが多く，おそらく加速度センサは距離を求める目的では使われていない。これは累積していくことで誤差が生じやすいためである。加速度センサは重力も計測することができるため，重力の向きを基準としたデバイスの傾きを測定することができる。このため，ジャイロセンサとともにヘッドマウントディスプレイの傾きの計測に用いられている。

図5.25のように，箱の中におもりが置かれ，箱の側面とばねでつながっている装置を考えてみよう。箱の内面は滑らかであり，おもりと箱の間の摩擦は無視できるとする。おもりの質量はm，ばね定数はkである。図（a）に示すように，装置全体が静止している状態でのばねの長さをx_0とする。つぎに，この箱に右方向に小さい力**F**を加える。すると，箱の中のばねは少し伸びる。

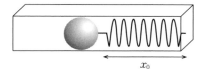
（a）　全体が静止しているとき

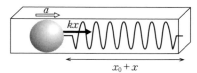
（b）　箱が右方向に一定の力を受けているとき

図5.25　加速度センサの原理

このとき，おもりはばねの弾性力 kx を受け，おもりの加速度を a とすると，水平方向の運動方程式は $ma = kx$ となる。したがって，ばねの伸び x を測定すると，加速度 a を求めることができる。これが加速度を計測する原理である[†]。ほかに，まったく異なる計測原理の加速度センサもある。

VR 用ヘッドマウントディスプレイに搭載される加速度センサは小さな電子部品である。**MEMS**（micro electro mechanical systems）という μm のオーダーで加工する微細加工技術を用いて作られており，センサの大きさは数 mm にも満たない。ところで，そのような小さなばねの伸びはどのようにして測定するのだろうか。代表的な測定方法として，静電容量検出方式がある。**図5.26** を用いて，その原理を説明する[2]。

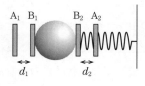 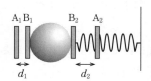

（a） 加速度が 0 のとき　　　　　（b） 加速度が加わっているとき
　　　 $(d_1 = d_2)$ 　　　　　　　　　　　 $(d_1 < d_2)$

図5.26 静電容量検出方式

まず，面積 S の同じ金属板を 4 枚用意し，2 枚をおもりの左右に取り付ける。残りの 2 枚は，おもりに取り付けた金属板と向かい合わせに少しだけ離して設置する。図で，B_1，B_2 がおもりに取り付けた金属板であり，A_1，A_2 がおもりの外側に離して置いた金属板である。このとき，金属板 A_1 と B_1 をそれぞれ正と負に帯電させると，平行板コンデンサができる。同様に，金属板 A_2 と B_2 によって，もう一つの平行板コンデンサができる。A_1 と B_1 の間の距離を d_1，A_2 と B_2 の間の距離を d_2 とする。加速度が 0 の状態で，$d_1 = d_2$ となるように金属板 A_1 と A_2 を設置する。コンデンサの静電容量 C は，誘電率を ε，極板間の距離を d とすると，$C = \varepsilon(S/d)$ と表されるため，$d_1 = d_2$ の場合は二つの

[†] 理解を容易にするために単純なモデルで説明したが，実際は，サイズモ系と呼ばれる減衰振動を考慮したモデルを考え，減衰振動を考慮した運動方程式を立てて計算される。

コンデンサの静電容量も等しくなる。

　つぎに，加速度が加わって，ばねが伸び，おもりが左側に移動した場合について考える。図(b)の状態である。金属板 B_1 と B_2 が左に移動したため，d_1 は短くなり，d_2 は長くなっている。このとき，A_1 と B_1 のコンデンサの静電容量 C_1 は大きくなり，A_2 と B_2 のコンデンサの静電容量 C_2 は小さくなる。これらの静電容量の変化を測定することで，極板間の距離の変化を算出することができる。このようにして，ばねの伸びを測ることができる。

5.5.3　ジャイロセンサ

　ジャイロセンサ（gyroscope sensor）は角速度を計測することができる。ジャイロという言葉はジャイロスコープの略であり，もとは，こまの回転を利用して角速度等を計測する装置のことであった。VR 用ヘッドマウントディスプレイに用いられるジャイロセンサは，こまを用いた回転型ではなく振動型であり，コリオリ力を利用して角速度を計測する。

　コリオリ力（Coriolis force）とは，回転する座標系において現れる見かけ上の力であり，物体の速度と垂直方向に働く。「回転する座標系」や「見かけの力」という言葉について考える前に，まずはイメージをつかんでみよう。**図 5.27** は，反時計回りに回転している円板の上に人が乗っている様子を示している。この人は，円板が回転していることに気付いていないとする。図の右上方向に速度 **v** で水平にボールを投げたとき，この人はボール

図 5.27　コリオリ力

が図の点線上を飛んでいくと考えるはずである。しかし，ボールは太線の上を曲がって飛んでいく。この現象を説明するためには，重力や空気抵抗ではない新しい力がボールに加わったと考えるしかない。この力がコリオリ力である。

　ところで，このボールの運動について，円板の外から見ている人がいた。外の人から見ると，このボールの運動は，通常の重力だけが加わっている水平投

射であり，コリオリ力のような力を考える必要はない。「回転する座標系」というのは，x, y, z軸が回転している座標系のことであり，図の例では円板の上に x, y, z軸を貼り付けた状態である。「見かけの力」というのは，実際に物体が受ける力ではなく，回転している座標系で考えたときに，力が加わっていると考えれば矛盾なく運動を説明するために導入する力のことである。さらに，回転する座標系では，コリオリ力のほかに遠心力も働いている。遠心力も見かけの力であり，つねに回転円の外側に向かって働いている。回転する座標系では，遠心力とコリオリ力を導入すれば，静止している通常の座標系と同じように運動を記述することができる。

　回転座標系の角速度ベクトルを $\boldsymbol{\omega}$ とすると，コリオリ力 $\mathbf{F}_c$ は

$$\mathbf{F}_c = 2m\boldsymbol{\omega} \times \mathbf{v} \tag{5.34}$$

と表される。m は物体の質量，$\mathbf{v}$は回転座標系で記述した物体の速度である。$\boldsymbol{\omega}$ と $\mathbf{v}$ のなす角は $\pi/2$ であるから，$\mathbf{v}$ の大きさを v とすれば，コリオリ力の大きさは $F_c = 2m\omega v$ である。式からもわかるように，コリオリ力の向きは速度と垂直である。

　コリオリ力がわかったところで，振動型ジャイロセンサの原理について見ていくことにする[3]。**図 5.28** のように，回転する円板とおもりとばねで構成される装置を考える。おもりは滑らかな円板の上に置かれ，4 本のばねにつながっ

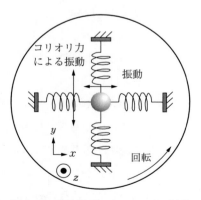

図 5.28　振動型ジャイロセンサの原理

ている。x, y, z 軸を図のようにとり，z 軸は紙面から手前へ向かう方向である。x, y, z 軸は円板とともに回転する回転座標系である。

　まず，円板の回転を止めた状態で x 方向におもりを振動させておく。y 方向には振動していない状態である。そのまま，装置全体を z 軸の周りに反時計方向に回転させると y 方向にも振動が生じる。これは，速度 **v** が x 方向であるので，コリオリ力が速度と垂直の y 方向に働いた結果，y 方向の振動が生じたと説明される。y 方向の振動の振幅を測定することで，角速度 ω が算出される。これが振動型ジャイロセンサの原理である。

　ジャイロセンサと加速度センサは，いずれも向きや傾きを計測するものであるが，それぞれ特性が異なり，両方同時に用いると精度が向上することが知られている。ジャイロセンサも MEMS 技術で作られており，加速度センサと一体のチップとなっている製品も多い。

演 習 問 題

〔**5.1**〕　ジャグリングの練習のために五つのボールを投げ上げたところ，二つのボール A と B が空中で衝突した。衝突前の A と B の速度 $\mathbf{v}_A$, $\mathbf{v}_B$ の xyz 成分は，$\mathbf{v}_A = \{1.7, 1.0, -1.9\}$，$\mathbf{v}_B = \{-1.1, 1.5, -1.3\}$ である。ただし，速度の単位は m/s であり，x 軸を東向き，y 軸を北向き，z 軸を鉛直上向きにとっている。衝突直後の A の速度 $\mathbf{v}'_A$ の xyz 成分は $\mathbf{v}'_A = \{-0.2, 1.2, -2.1\}$ であった。衝突直後の B の速度 $\mathbf{v}'_B$ を求めなさい。A と B の質量はいずれも 0.10 kg であり，ボールは質点であると考えて解くこと。

〔**5.2**〕　CD（コンパクトディスク）ドライブに CD を入れて再生ボタンを押したところ回転が始まった。1.8 秒後の回転の速さは 2.0 rps であった。rps とは 1 秒当たりに回転する回数を表す。この CD は質量が 0.016 kg，半径が 0.060 m である。

（1）　CD がドライブ内で回転する際の慣性モーメント I を求めなさい。

（2）　1.8 秒後の CD の角速度 ω を求めなさい。

（3）　1.8 秒後の CD の角運動量の大きさ L' を求めなさい。

（4）　回転が始まってから 1.8 秒間，一定のトルクが掛けられていたとして，この CD に掛けられたトルクの大きさ N を求めなさい。また，CD の角加速度の大きさ α を求めなさい。

6章 作品世界の中の物理

◆本章のテーマ

　われわれがおもに高校までで学ぶ物理学は，おおよそ 19 世紀までに確立された。しかし，その後の 20 世紀から 21 世紀にかけて，物理学はさらに大きな進歩を遂げている。そうした現代物理学の成果の中には，実生活にはなかなか結び付かないものも多い。しかし，SF 小説や映画に代表されるさまざまなメディア作品の題材として取り入れられ，言葉としてはなじみのあるものも多い。本章では，作品世界の中で取り上げられることの多い項目を集めて，物理学の視点からの解説を試みる。

◆本章の構成（キーワード）

6.1　相対性理論と宇宙論
　　　ウラシマ効果，ブラックホール，因果律の破れ
6.2　量子力学と素粒子論
　　　コペンハーゲン解釈，不確定性原理，パラレルワールド

◆本章を学ぶと以下の内容をマスターできます

☞　相対性理論から導き出される世界
☞　量子力学のさまざまな解釈
☞　現代物理学の影響を受けた物語

6.1 相対性理論と宇宙論

6.1.1 相対性理論とは

難解な物理学理論の代表として挙げられる相対性理論は，1905 年にアルバート・アインシュタインによって発表された**特殊相対性理論**（theory of special relativity）と，その 10 年後に同じくアインシュタインによって発表された**一般相対性理論**（theory of general relativity）の総称である。一般相対性理論の発表時には，その難解さゆえに「この理論を理解できる人は世界に 10 人しかいない」と言われたという話[†]もある。実際には，特殊相対性理論は理工系の大学初年次で多くの学生が学ぶものだし，一般相対性理論にしても，宇宙論や重力理論を学ぶ大学院生以上であればおおむね理解しているであろう。とはいえ，一般人にはとても理解できそうにないこの理論がこれだけ有名なのは，一つにはアインシュタインという有名な物理学者がほぼ一人で作り上げた理論だということ，そしてもう一つには，この理論から導き出される結論が，それまでの一般的な世界観を覆す不思議なものであったということによるだろう。

特殊相対性理論が生まれた背景の中でも最も重要なものが，**マイケルソン・モーリーの実験**（Michelson-Morley experiment）と呼ばれる光速度測定実験である。19 世紀末頃，光は波の一種であるという考え方が支配的であったが，真空中ですら伝搬可能な光は，なにが振動している波なのかがわからなかった。物理学者たちは，その媒体を仮想的に**エーテル**と名付けたが，それが空気のように地球に張り付いて引きずられているものなのか，それとも地球とは関係なく宇宙空間に存在するものなのかもわからなかった。しかし，後者であれば，地球上で光の速度を観測する場合には，地球自体の移動速度の分だけ速くなったり遅くなったりするはずである。そこでマイケルソンとモーリーの二人は，縦方向に飛んだ光と横方向に飛んだ光の速度を比べる実験装置を作り，測定を行ったのだが，結果として違いを見つけることはできなかった。それなら

[†] しかし筆者はこの話の出典を確認することはできなかった。単なる都市伝説かもしれない。

前者の「地球引きずり説」が正しいかというと，こちらはこちらで星の観測などと矛盾することがあり[†1]，光の理論はすっかり暗礁に乗り上げてしまった。

そんな中でアインシュタインが発表した特殊相対性理論では，「止まって観測しても動きながら観測しても，光の速度は変わらない」という大胆な仮説を導入してしまった。しかし，普通に考えたらこれは理解できない。**図 6.1**（a）に示したように，40 m/s で投げたボールを止まっている人が見れば 40 m/s に見えるが，25 m/s で走っている電車から見れば 15 m/s になる。そして，この計算方法は，対象が光であっても変わらないように思える。ところが，実験で示されたのは，図（b）のように，止まっている人から見ても，電車の中から見ても，同じように光速は 30 万 km/s であった[†2]。そこで，この矛盾を解決するために特殊相対性理論で導入されたのが，「高速で動くと時間の進み方が変わる」という考え方である。この大胆な転換により，多くの物理現象が矛盾なく説明されるようになり，のちの一般相対性理論へとつながっていくのである。

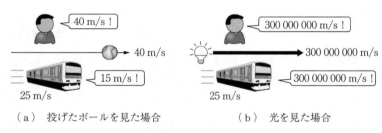

| （a）　投げたボールを見た場合 | （b）　光を見た場合 |

図 6.1　動く視点から見た速度の変化

6.1.2　ウラシマ効果

ここで少しだけ式を使って計算してみよう（数学が苦手な人は，式（6.4）

まで飛ばしても構わない）。飛んでいるロケットの左端から右端まで光を飛ばしたとしてみよう。ロケットの中の人と，地上にいる人，それぞれからどう見えるかを表したのが**図6.2**である。

 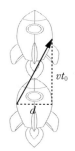

（a）　ロケット内部の視点　　（b）　地上からの視点

図6.2　ロケットの中と外での光速の測定

　まず，ロケット内での経過時間 t_1 を考えてみる。ロケットの幅を d とすると，ロケットの内部の人にとっては，光は光速 c で距離 d を進んだので

$$ct_1 = d \tag{6.1}$$

となる。つぎに，地上にいる人にとっての経過時間 t_0 を考えてみる。地上の視点では，光が飛んでいる間にロケットは上昇している。ロケットの上昇速度を v とすると，経過時間 t_0 の間に，ロケットは vt_0 だけ上昇している。このとき光が飛んだ距離は，図（b）の直角三角形の斜辺なので

$$ct_0 = \sqrt{d^2 + (vt_0)^2} \tag{6.2}$$

と表される。ここで，光速 c がロケット内でも地上でも変わらないことがポイントである。この式には，左辺と右辺の両方に t_0 が出てくるが，これを整理すると

$$t_0 = \frac{d}{\sqrt{c^2 - v^2}} \tag{6.3}$$

となる。さらに式（6.1）を使って書き換えると

$$t_1 = t_0 \sqrt{1 - \frac{v^2}{c^2}} \tag{6.4}$$

となる。右辺の平方根の部分はつねに1より小さくなるので，ロケット内の時間はつねに地上よりも短いということになる。特に，速度 v が c に近づくほど時間は短くなり，$v=c$ となったところで時間は流れなくなってしまう。もっとも，実際には速度を c にすることはできないのだが，それについては6.1.3項で述べる。

このように，ロケットなどの乗り物で高速に移動すると時間の流れが遅くなるという現象を使って，おとぎ話の『浦島太郎』を再解釈しようとする試みがある（**図6.3**）。玉手箱を開けた浦島太郎が急に歳をとってしまったことを，特殊相対性理論による時間の遅れで説明しようとするものである。

図6.3　竜宮城は遠い星にあった？

仮に竜宮城が遠い星にあり，浦島太郎は亜光速（光速に限りなく近い速度）の宇宙船に乗っていったとする。宇宙船の速度が光速の99.9999％だと仮定すると，式（6.4）に $v=0.999999c$ を代入して計算することにより，$t_1 ≒ 0.0014t_0$ という値が得られる。その上で，宇宙船が往復で合計10日間飛んでいたとすると[†]，それを0.0014で割って，地球では約7 000日の時間が経過していたことになる。地上に戻ってきたとき，浦島太郎の視点では十数日しか時間が流れていなくても，地上の視点では約20年の時間が流れていたということになるわけである。もちろんその場合，浦島太郎が急に歳をとってしまうはずはないのだが，地球では20年の時間が過ぎていたことに気付いたことの比喩であろう。

---

†　もっとも，光速で片道5日間では，最も近い恒星にすら到達することはできない。

こうした解釈から，日本のSF作家やファンなどを中心に，相対性理論による時間の遅れを「ウラシマ効果」と呼ぶようになった[†1]。

ウラシマ効果は，サイエンス・フィクション（SF）の世界で頻繁に取り上げられている。代表的なものとしては，アンダーソンの『タウ・ゼロ』[1]や，ホーガンの『ガニメデの優しい巨人』[2]などのSF小説が挙げられる。また，映画で用いられることも多く，最近では『インターステラー』[3]が話題になった。日本のアニメ作品でも，古くは『トップをねらえ！』，最近では『ほしのこえ』小説版[4]などでは，ウラシマ効果が明確に扱われている[†2]。なお，『インターステラー』や『トップをねらえ！』では，ここで述べた特殊相対性理論に基づくウラシマ効果だけではなく，後述する一般相対性理論に起因するウラシマ効果も登場する。

6.1.3 $E=mc^2$

特殊相対性理論から導き出された結論の中で，ウラシマ効果と並んで有名なのが，$E=mc^2$ という式であろう。原子爆弾の存在を予言したと言われるこの式であるが，特殊相対性理論によってエネルギーと運動量との関係を整理しただけの式で，もともとは原子爆弾とはなんの関係もない。しかし，同じ頃に研究が進められていた原子核反応の中で，爆発の膨大なエネルギーが質量の減少に結びついていたことから，この式が，核爆発の象徴のように扱われるようになってしまった。よく言われるのは，「この式によって，たった1gの質量が広島型原子爆弾1.6個分のエネルギーに変換されることが示された」ということであるが，これは逆に考えると，「広島型原子爆弾1.6個分のエネルギーを質量に換算しても，たかだか1gにしかならない」ということでもある。

原子爆弾を題材にした作品は枚挙に暇がないが，相対性理論的な視点で描いたものはそれほど多くない。むしろそうした視点は，現実には存在しない技術

[†1] 言うまでもないが，日本以外では通用しない表現である。ただしアメリカにも「リップ・ヴァン・ウィンクル効果」という言葉があるらしい。

[†2] もう一つ，ウラシマ効果が重要な役割を果たしている有名な映画があるが，大事な結末のネタバレになってしまうので，ここではあえて題名を挙げないことにする。

を扱う場合にこそ現れるのかもしれない。例えば，物質と**反物質**（antimatter）とを接触させると，一瞬にして両者が消滅し（対消滅），後にはエネルギーだけが放出されるが，この現象を利用した反物質爆弾というアイディアは，数多くの SF 作品で使われている。最近の例では，映画化もされた『天使と悪魔』[5]などが挙げられるだろう。

この式の導出を厳密に追っていくのはなかなか大変なので，ここではその意味を考えてみよう（数学が苦手な人は，次項まで飛ばしても構わない）。式 (6.4) の中で，平方根の中がつねにプラスの値をとるようにするためには，物体の速度は光の速度よりも遅くなければならない。しかし，従来のニュートン力学では，物体は押せば押すだけ加速されるので，いくらでも早くなれるはずである。それに対して，特殊相対性理論では，物体の速度が光速に近づくほど，その物体の質量が重くなり，押しても加速しにくくなると考える。具体的には次式となる。

$$M = \frac{m}{\sqrt{1 - v^2/c^2}} \tag{6.5}$$

ここで，M は動いている物体の質量，m は止まっているときの質量である。

この式をもとに，止まっている物体を速度 v まで加速するのに必要な仕事量を求めれば，それが運動エネルギーである。途中の計算は省略するが，結論として得られるのは

$$K = \frac{mc^2}{\sqrt{1 - v^2/c^2}} - mc^2 \tag{6.6}$$

という式である[†]。この式をもとに

$$E = K + mc^2 = \frac{mc^2}{\sqrt{1 - v^2/c^2}} \tag{6.7}$$

という形で物体の全エネルギーを定義すると，エネルギーと運動量からなる 4 次元ベクトルが，どんな速度で動く人から見ても不変であるというのが，特殊

[†]　数学に自信のある人は，$v \ll c$ としてこの式を一次近似してみてほしい。$K = (1/2)mv^2$ という従来の運動エネルギーの式が得られるはずである。

相対性理論の核となる部分である。そして，全エネルギーのうち，運動エネルギー以外の部分を，速度が 0 のときにも持っているエネルギーという意味で静止エネルギーと呼ぶことにした。式 (6.7) で $v=0$ とすれば，$E=mc^2$ は容易に導出できるであろう。

6.1.4 ブラックホールとワームホール

一般相対性理論では，一定の速度で動くロケットだけではなく，加速したり減速したりするロケットのことも含めて考える。ロケットが急減速すると，中にいる人は，後ろから急に押されたように感じる。あるいは，ロケットが急カーブを描くと，いわゆる遠心力を感じる。こうした力が重力と似ているというところから一般相対性理論は始まった。そして，加速したり減速したりする系での物理法則を簡潔に表そうとした結果として，「重力が空間をゆがめる」という結論が得られたのである。

この結論が，従来の万有引力の法則と決定的に異なるのは，質量を持たないものも重力の影響を受けるということである。質量を持たない物理学的存在の代表的な例は光である。光は質量 0 であるから，従来の理論であれば，重力があってもまっすぐ進むはずである。しかし，重力が空間をゆがめるとすれば，光もゆがんで進むことになる。そしてそのような現象は，のちに**重力レンズ効果**（gravitational lensing）として天文学の世界で確認された。さらに，このように重力によって光の進み方が変わるのだとすれば，十分に強い重力場からは，光ですら脱出できないということになる。例えば，太陽と同じ質量を持つ星が十分に小さくなると，その中心から 3 km 以内の空間からは，光を含むあらゆる存在が外に出ることができない。この距離は，一般相対性理論の方程式を解いた天文学者にちなみ，シュバルツシルト半径と呼ばれる。また，光が脱出できるかどうかの境界となる面は，こちら側にいる人が向こう側のことを決して知ることができないという意味で，**事象の地平面**（event horizon）と呼ばれる。そして，このような領域を持つ天体のことを**ブラックホール**（black hole）と呼ぶようになった。

　ブラックホールは光さえも飲み込む存在なので，望遠鏡などで普通に観測することはできない。しかし，ブラックホールのすぐ近くにある天体や，すぐ近くを通る光などを観測することにより，ブラックホールの存在に関する状況証拠を集めることはできる。当初は理論的な存在でしかなかったブラックホールであるが，1970年代には，X線を使った観測により実在が信じられるようになった。現在では，そのほかにもいくつかのブラックホールらしき天体が確認されるに至っている。

　さて，一般相対性理論の方程式を解くと，ブラックホールを表す解と，それを時間反転させた解とが得られることがある。時間反転させた解は，事象の地平面からあらゆる物質を放出することを示しており，このような存在は**ホワイトホール**（white hole）と呼ばれている。ただし，ブラックホールとは異なり，ホワイトホールの実在を示すような観測結果は存在しない。そのため物理学者の多くはその存在に否定的であるが，フィクションの世界ではしばしば登場する。ブラックホールとホワイトホールが異次元で**ワームホール**（wormhole）としてつながっており（**図6.4**），ブラックホールに吸い込まれた物質がホワイトホールから出てくるという考えは，遠く離れた宇宙への超光速移動を可能にするものであり，SF作家たちには魅力的に映ったであろう。

　こうした超光速移動が出てくる作品は枚挙に暇がないが，その中でも代表的なものとして，『宇宙戦艦ヤマト』のワープ，『スターウォーズ』のハイパード

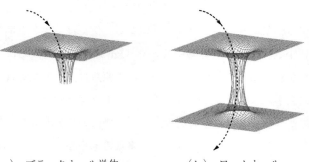

（a）　ブラックホール単体　　　（b）　ワームホール

図6.4　ブラックホールとワームホールのイメージ

ライブ，『スタートレック』のワープドライブなどが挙げられる。これらの作品の中では，一般相対性理論やワームホールについて明確に触れられることはないが，映画化もされた，セーガンの『コンタクト』[6]では，ワームホールを利用した超光速移動が登場する。また，ウラシマ効果のところでも触れた『インターステラー』でも，一般相対性理論に基づくワームホール理論が明示的に描かれている。『コンタクト』『インターステラー』の背景にある理論については，両映画を監修している物理学者，キップ・ソーンの著書[7]に詳しい。

6.1.5 因果律の破れ

ここでもう一度，特殊相対性理論に戻ってみよう。特殊相対性理論では，高速で飛んでいるロケットの中の時間は，地球上よりもゆっくり進むのであった。ところがここで問題が起こる。ロケットの中の人から見ると，動いているのは地球上の人なのである。そんなのは屁理屈だと思うかもしれないが，「相対性」理論という名前は，そういう考え方を表している。

じつは，この問題はさほど悩まなくても解決できる。地球上の人から見ると，ロケットの中の時計はゆっくりと進む。ロケットの中の人から見ると，地球上の時計はゆっくりと進む。それでなんの問題もないのである。「じゃあ，地球上の人とロケットの中の人が再会したとき，結局どちらが歳をとっているの？」と疑問に思うかもしれないが，ロケットが一定速度で動いている限り，両者が再会することはない[†]ので，そんなことは気にしなくて構わない。

上で述べたことを，もう少し相対性理論らしく言うと，「同時という概念は見る人によって異なる」ということになる。もちろん，同じ場所であればだれが見ても同時は同時である。交差点で2台の車が出合い頭に衝突したとして，見る人によってはこの2台が来たのは同時ではないので衝突しないということはない。しかし，離れた場所で起きた二つの出来事が同時かどうかは，一律に決定することはできない。地球上の人にとって，東京で起きた事象Aとニュー

---

† ウラシマ効果の場合，ロケットはどこかで減速してUターンしている。こうなると地球とロケットは同等ではないので再会したときの歳のとり方を議論することができる。

ヨークで起きた事象Bが同時のように見えたとしても，ロケットの中の人にとっては同時ではないかもしれない。さらに言うと，地球上の人にとって，東京での事象Aの後にニューヨークでの事象Bが起きたように見えたとしても，ロケットの中の人には，ニューヨークでの事象Bの後に東京での事象Aが起きたように見えるかもしれない。

　「そんなことになったら，どっちが原因でどっちが結果なのか，わからないじゃないか！」と言いたくなるかもしれないが，心配はいらない。同時性は保たれないかもしれないが，保たれるものはあるのである。それは，二つの事象が「時間的」か「空間的」かということである。事象Aとともに東京で発せられた光が，事象Bより後にニューヨークに届くとき，そして事象Bとともにニューヨークで発せられた光が事象Aより後に東京に届くとき，事象Aと事象Bは「空間的」であるという。このとき，事象Aと事象Bは，どちらももう片方の原因になることはできない。なぜなら事象に関する情報を相手方に伝える物理的手段が存在しないからである。このとき，見る人によって，事象Aのほうが先に見えたり，事象Bのほうが先に見えたりしたとしても，現実的な問題は生じないということである。

　さて，前振りが長くなったが，ここで再びワームホールのことを考える。ワームホールを使った超光速移動が実現すると，本来は情報が届かないはずの「空間的」な関係の事象間で，情報のやり取りができてしまう[†]。そうなると，地球上の人にとっては，過去から未来に情報を送ったように見えても，ロケットの中の人にとっては未来から過去に情報を送ったように見えるかもしれない。「タイムマシン」はサイエンス・フィクションの定番テーマの一つだが，それの情報伝達版ができてしまうというわけである。

　では，過去の自分に宝くじの当たり番号を伝えたり，災害の情報を伝えて被害を防止したりしたらどうなるのだろうか。これがSFの世界で言うところの**因果律の破れ**（breaking of causality）である。もちろん，情報伝達だけでな

[†]　情報どころか普通は人間が移動することを想定するものだが，ここでは情報だけ考えれば十分である。

く，実際に人間が移動するタイムマシンの物語でも，同じ問題は起こる。この問題は，SF の世界では**親殺しのパラドックス**（grandfather paradox と言うこともあるようです）として知られ，もしタイムマシンに乗って過去に行き，自分の親を殺してしまったら，自分自身はどうなるのだろうか，という問題として描かれる。これに対する解答は，じつにさまざまであるが，詳しくは次節の量子力学のところで紹介することにしよう。

6.2　量子力学と素粒子論

6.2.1　波なのか粒子なのか

20 世紀の物理学を支える 2 本の柱が，相対性理論と**量子力学**（quantum mechanics）であるという意見に，反対する人は少ないだろう。しかしこの両者は対照的である。前節でも述べたように，相対性理論は数多くの SF 作品に登場し，常識を覆す物理理論として，多くの人がなんとなく抱いているイメージが存在する。一方，量子力学は，実用面ではむしろ相対性理論よりも遥かに広い分野で使われているにもかかわらず，専門家以外の耳に入ることは少ない。本節では，そんな量子力学の骨組みを簡単に紹介するとともに，作品世界での描かれ方を見ていくことにする。

量子力学の誕生も，相対性理論と同様に，旧来の物理学でうまく説明できない現象の発見が発端であった。その一つが**光電効果**（photoelectric effect）である[†1]。19 世紀まで，光は波の一種であると思われていた。レンズを使えば屈折するし，スリットを使えば回折もする。こうした現象は音波や水面の波などと同じような性質を表すと考えることは自然である。このとき，光のエネルギーは振幅によって決まると考えられる。さて，ある種の金属の表面に光を当てると，光のエネルギーを受け取った電子が飛び出してくる。これを光電効果[†2]

[†1]　このほかにも，空洞輻射やコンプトン効果など，光の粒子性を使わないと説明できない現象はいくつか知られている。

[†2]　イメージセンサ（2.3.4 項）の基となる現象である。

と呼ぶ。光を波と見なすと，飛び出してくる電子のエネルギーは光の総エネルギーで決まるはずだが，実際にはそうではなかった。実際には，電子のエネルギーは光の周波数で決まったのである。しかも，ある値より低い周波数の光では，電子はまったく飛び出してこなかった。

この現象は，**図6.5** に示すように，光が粒子であり，一つひとつの粒が持つエネルギーが周波数で決まると考えれば理解できる。どんなに多くの粒があっても，個々の粒が持つエネルギーが，電子を金属に結び付けているエネルギーよりも小さければ，電子は飛び出さない。これが，低い周波数の光では電子が飛び出さない理由である。このように，光をあえて粒子と見なすとき，**光子**（photon）という呼び名を用いる。そして，この光電効果に関する理論を発表したアインシュタインは，その功績により 1921 年のノーベル物理学賞を受賞している[†]。

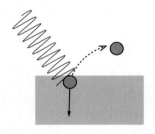 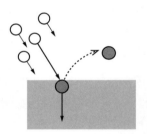

（a）　光を波と考えた場合　　　　（b）　光を粒子と考えた場合

図6.5　光電効果のイメージ

このようにして，20 世紀初頭，光は粒子であるという説が一躍脚光を浴びてきたわけであるが，一方で，依然として波としての説明が必要なことも多かった。そこで考えられたのが，光は粒子であり，なおかつ波でもあるという考え方である。この考えを発展させると，従来は粒子であると思われていた電子や陽子なども，波としての性質を兼ね備えているはずである。ド・ブロイによって提唱されたこのような波は，**物質波**あるいは**ド・ブロイ波**と呼ばれている。

---

†　相対性理論の功績で受賞したのではない。

6.2.2 シュレディンガー方程式と波動関数

ド・ブロイが発見した物質波の性質は，のちにシュレディンガーによりシュレディンガー方程式として定式化された。この方程式によって定められる光子や電子の状態を**波動関数**（wave function）と呼ぶ。シュレディンガー方程式にはさまざまなバリエーションがあるが，最もシンプルに書くと次式になる。

$$i\hbar \frac{\partial \psi}{\partial t} = H \tag{6.8}$$

ここで，H はハミルトニアンと呼ばれ，エネルギーを表す。そして ψ が波動関数である。量子力学は，シュレディンガー方程式をもとに，波動関数がどのように振る舞うかを調べることで発展してきたと言うことができる。

ところで，この波動関数というのはなんだろうか。量子力学では，波動関数を，その粒子の存在確率のようなものだと解釈する。人間が観測を行う前の状態では，電子のような素粒子は空間中に雲のように広がった確率的な存在である。そして人間が観測を行った瞬間に，ある一か所に収縮して観測される。このような考え方は**コペンハーゲン解釈**（Copenhagen interpretation）と呼ばれる。

ここでちょっとした思考実験をしてみる。閉め切った部屋の中に猫がいて，その横に一つの装置がある。装置には放射性物質が入っており，1 時間の間に50％の確率で放射線を出すとする。装置は，放射線を観測すると，致死性の毒ガスを放出するようになっている。さて，あなたが部屋の扉を開ける直前，猫はどうなっているだろうか？

放射性物質の崩壊は量子的な現象なので，50％という確率は波動関数そのものである。そうなると，部屋の中の状態は，猫が生きている確率が50％，死んでいる確率が50％ということになる。しかし，扉を開けた瞬間，観測により波動関数が収縮し，猫の生死が一瞬にして決定する。量子力学の一般的な解釈にしたがうとそういうことになるが，確率だけが定義されて，生死が定まっていない猫というのは，現実と矛盾しているように思える。この一見パラドックスのように見える問題は**シュレディンガーの猫**（Schrödinger's cat）と呼ばれる。そして，この思考実験をもとに，波動関数の収縮に関するさまざまな解

釈が提唱されている。

　量子力学より前の物理学では，確率というのは近似的な場面でしか登場しなかった。ニュートンの運動方程式に確率の出番はなく，すべての物体の位置と速度がわかれば，その物体の運動は未来永劫まで予測できるというのが，ニュートン物理学の本質である。もちろん実際の世界では，位置や速度の測定に誤差が伴うため，予測は確率的にしか行うことはできない。しかし，仮に位置や速度を完璧に測定し，運動方程式を完璧に解くことができる者が存在すれば，未来をすべて予測できるわけである。こうした存在は**ラプラスの悪魔**（Laplace's demon）と呼ばれ，しばしば物語の中に登場する。例えば，東野圭吾の『ラプラスの魔女』[8]などには，そうした存在が戯画的に描かれている。また，ファウアーの『数学的にありえない』[9]では，量子力学が確率的な理論であることを前提として，その確率を瞬時に把握してしまう，「量子力学的ラプラスの悪魔」とでも言うべき存在が登場する。

　ラプラスの悪魔は，小説や映画の題材としては面白いが，すべての未来が決まっているという考えは人間の自由意志を否定するものであり，哲学的には困った存在でもあった。そうした中で登場した量子力学は，この宇宙の未来がいかなる意味でも確定していないとしており，これを自由意志の根拠とするような考えもある[†]。さらには，イーガンの『宇宙消失』[10]や，前述した『数学的にありえない』では，波動関数の収縮をコントロールできる人間が描かれており，量子力学を逆手に取った物語となっている。

　波動関数の話に戻ると，量子力学における物理量は波動関数に作用するさまざまな演算子の期待値として定義される。位置と運動量のような複数の演算子を波動関数に作用させる場合，先に作用させた演算子が波動関数を変化させてしまうため，両者を正確に測定することはできない。このような性質を**不確定性原理**（uncertainty principle）と呼ぶ。波動関数の確率解釈と合わせて，世界の不可知性を暗示する言葉としてよく使われることは，知っておいてもよいだろう。

[†]　量子力学の初期においては，こうした考え方に反対する人も多く，その代表であるアインシュタインは「神はサイコロを振らない」と言ったとされている。

6.2.3 タイムマシンとパラレルワールド

波動関数の収縮は，量子力学の概念の中でも納得しにくい部分であり，異なる解釈も存在する。その中の一つとして，「波動関数は特定の状態にだけ収縮するわけではない。可能性のあるすべての状態への収縮が実際に起こっており，そしてそれらは異なる宇宙として分岐していく」という考え方がある。シュレディンガーの猫の例で言うなら，実験開始から1時間後には，猫が生きている宇宙と，猫が死んでいる宇宙とが存在するということになる。これを**パラレルワールド**（parallel world, **平行宇宙**）と呼ぶ。宇宙には膨大な数の波動関数が存在するので，そうやってできたパラレルワールドの数も膨大なものになる。しかし，いったん分岐してしまった宇宙の相互間では一切の相互干渉ができないとすると，われわれが住む宇宙は実際には一つしかないと考えても大差はないことになる。

ここでSF作家の出番である。このパラレルワールドの考え方は，タイムマシンが登場する作品ときわめて相性がよい。もともとタイムマシンが出てくる物語では，「親殺しのパラドックス」と呼ばれる問題があった。タイムマシンに乗って過去に行き，自分の母親なり祖先なりを殺してしまったら，自分自身の存在はどうなってしまうのだろうかという問題である。親が死んだら自分は生まれないので，その自分が未来から過去にやってきて親を殺すこともないことになり，矛盾が生じてしまう。

パラレルワールドの解釈に基づき，**図 6.6** を使って親殺しのパラドックスを

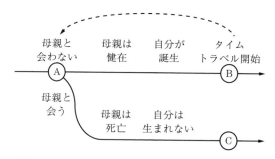

図 6.6 親殺しのパラドックスとパラレルワールド

解説してみよう。主人公は B から A にタイムトラベルしたとする。さて，A
では，「未来から来た主人公が母親に会わない」という現象と，「未来から来た
主人公は母親に会う」という現象とが，量子力学的な意味でどちらも生じうる
とする。主人公が生まれるのは前者の宇宙である。母親にはなにも起こらず，
数年後に主人公が誕生する。一方，後者の宇宙は，この時点で分岐して図の下
側の線のように進んでいく。主人公の母親は殺されてしまい，主人公は誕生し
ない。さらに数年後，タイムトラベルの出発地点と同じ時代の C に来たとき，
主人公が存在しなかったとしても†，なにも不都合はない。

　タイムマシンにまつわるパラドックスの扱い方には，このほかにもさまざま
なパターンがある。パラレルワールド理論を採用しない例としては，ハインラ
イン『夏への扉』[11]や広瀬正『マイナス・ゼロ』[12]のように，宇宙は完全に決定
論的であり，人間が歴史を変えることすら，もともと織り込み済みであったと
する作品もある。一方，映画『バック・トゥ・ザ・フューチャー』シリーズで
は，主人公の行動により未来が少しずつ変わっているが，人間がまるまる存在
しなくなってしまうようなことはなく，パラドックスは微妙に回避されてい
る。これらに対し，パラレルワールド仮説を明確に意識した作品も数多く存在
する。近年話題になった映画『君の名は。』[13]では，未来からの干渉により異な
る未来が展開していく。また，ホーガン『未来からのホットライン』[14]では，
パラレルワールドの存在がより明示的に語られている。

演 習 問 題

〔6.1〕　広島型原爆 1 個のエネルギーは，（諸説あるが）約 60 TJ（＝6×10^{13} J）と
　　　言われている。これを質量に換算すると何 g になるか。
〔6.2〕　自分が読んだことのある小説，見たことのある映画やドラマの中で，過去
　　　へのタイムトラベルを扱っているものを思い浮かべてみよう。その作品の
　　　中で，過去の改変の結果はどのように描かれているか述べなさい。

---

†　ただし，B→A→C と生きてきた年配の主人公は存在する。

引用・参考文献

1章

1) ロバート・P・クリース，青木薫（訳）：世界でもっとも美しい 10 の科学実験，日経 BP 社（2006）
2) 砂川重信：電磁気学（物理テキストシリーズ 4），岩波書店（1987）

2章

1) 石川清：視覚の機構，化学教育，**28**(1)，pp. 10-13（1980）
2) J. K. Bowmaker and H. J. Dartnall : Visual pigments of rods and cones in a human retina, J. Physiol., **298**, pp. 501-511（1980）
3) 一般財団法人日本色彩研究所：色彩スライド集 第 1 巻 色彩基礎理論（2009）
4) 一般財団法人日本色彩研究所：新版色彩スライド集 第 2 巻 カラーシステムと光源（2021）
5) K. Zuiderveld : Contrast Limited Adaptive Histograph Equalization, Graphic Gems IV, San Diego, Academic Press Professional, pp. 474-485（1994）
6) 中村荘一，藤江大二郎（編）：基礎からわかる光学部品—入門者のためのレンズ・ミラー，光学部品解説—，オプトロニクス社（2019）
7) 竹村裕夫：画像入力用光学デバイスの基礎 II，映像情報メディア学会誌，**68**(5)，pp. 399-405（2014）
8) 西田信夫（監修）：プロジェクターの技術と応用，シーエムシー出版（2010）

3章

1) C. Kolb, D. Mitchell, and P. Hanrahan : A realistic camera model for computer graphics, Proc. ACM SIGGRAPH '95, pp. 317-324（1995）
2) M. Kakimoto, T. Tatsukawa, Y. Mukai, and T. Nishita : Interactive simulation of the human eye depth of field and its correction by spectacle lenses, Computer Graphics Forum, **26**(3), pp. 627-636（2007）
3) R. L. Cook, and K. E. Torrance : A reflectance model for computer graphics, ACM Transactions on Graphics, **1**(1), pp. 7-24（1982）
4) T. Whitted : An improved illumination model for shaded display, Communications of the ACM, **23**(6), pp. 343-349（1980）
5) T. Möller and B. Trumbore : Fast, minimum storage ray-triangle intersection,

Journal of Graphics Tools, **2**(1), pp. 21-28 (1997)

6)　国立天文台（編）：理科年表 2020（2020）

7)　T. Nishita, T. Sirai, K. Tadamura, and E. Nakamae : Display of the earth taking into account atmospheric scattering, Proc. ACM SIGGRAPH '93, pp. 175-182 (1993)

8)　亀田貴雄，高橋修平：雪氷学，古今書院（2017）

9)　J. T. Kajiya : The rendering equation, Proc. ACM SIGGRAPH '86, pp. 143-150 (1986)

10)　Y. Yue, K. Iwasaki, B-Y Chen, Y. Dobashi, and T. Nishita : Unbiased, adaptive stochastic sampling for rendering inhomogeneous participating media, ACM SIGGRAPH Asia 2010 Papers, **177**, pp. 1-8 (2010)

11)　M. Kakimoto, K. Matsuoka, T. Nishita, T. Naemura, and H. Harashima : Glare generation based on wave optics, Computer Graphics Forum, **24**(2), pp. 185-193 (2005)

12)　N. Nakata, M. Kakimoto, and T. Nishita : Animation of water droplets on a hydrophobic windshield, Proc. WSCG 2012, pp. 95-103 (2012)

13)　W. Yamada, T. Watanabe, M. Kakimoto, K. Mikami, and R. Takeuchi : Reproduction of the behavior of the wet cloths taking the atmospheric pressure into account, ACM SIGGRAPH 2013 Posters (2013)

14)　J. Stam : Stable fluids, Proc. ACM SIGGRAPH '99, pp. 121-128 (1999)

4 章

1)　国立天文台（編）：理科年表 2020（2020）

2)　World Health Organization : Safe Listening: Devices and Systems:a WHO-ITU standard (2019)

3)　伊藤学：風による橋の振動とその対策，日本音響学会誌，**39**(2), pp. 130-138 (1983)

4)　W. Maysenhöolder et al. : Microstructure and sound absorption of snow, Cold Regions Science and Tecknology, **83**, pp. 3-12 (2012)

5)　小方厚：音律と音階の科学（ブルーバックス），講談社（2007）

5 章

1)　ファインマン，レイトン，サンズ，坪井忠二（訳）：ファインマン物理学— I 力学—，岩波書店（2020）

2)　白井稔人，裏則岳，江刺正喜：2線式シリコン容量形加速度センサ，電子情報通信学会論文誌，J75-C-Ⅱ(10), pp. 554-562 (1992)

3)　多摩川精機（編）：ポイント解説 ジャイロセンサ技術，東京電機大学出版局（2017）

6章

1)　ポール・アンダースン，浅倉久志（訳）：タウ・ゼロ（創元 SF 文庫），東京創元社（1992）

2)　ジェイムズ・P・ホーガン，池央耿（訳）：ガニメデの優しい巨人（創元 SF文庫），東京創元社（1981）

3)　グレッグ・キイズ，クリストファー・ノーラン，ジョナサン・ノーラン，富永和子（訳）：インターステラー（竹書房文庫），竹書房（2014）

4)　大場惑，新海誠：小説ほしのこえ（角川文庫），KADOKAWA（2016）

5)　ダン・ブラウン，越前敏弥（訳）：天使と悪魔(上)(中)(下)（角川文庫），角川書店（2006）

6)　カール・セーガン，高見浩（訳），池央耿（訳）：コンタクト(上)(下)（新潮文庫），新潮社（1987）

7)　キップ・S・ソーン，林一（訳），塚原周信（訳）：ブラックホールと時空の歪み—アインシュタインのとんでもない遺産，白揚社（1997）

8)　東野圭吾：ラプラスの魔女（角川文庫），KADOKAWA（2018）

9)　アダム・ファウアー，矢口誠（訳）：数学的にありえない(上)(下)（文春文庫），文藝春秋（2009）

10)　グレッグ・イーガン，山岸誠（訳）：宇宙消失（創元 SF 文庫），東京創元社（1999）

11)　ロバート・A・ハインライン，福島正実（訳）：夏への扉（ハヤカワ文庫SF），早川書房（2010）

12)　広瀬正：マイナス・ゼロ（広瀬正・小説全集 1）（集英社文庫），集英社（2008）

13)　新海誠：小説 君の名は。（角川文庫），KADOKAWA（2016）

14)　ジェイムズ・P・ホーガン，小隅黎（訳）：未来からのホットライン（創元SF 文庫），東京創元社（1983）

1章

〔1.1〕 打球の勢いが一定であると仮定し，初速を v とする。打ち出された方向の地面に対する角度を θ とすると，垂直方向の初速は $v\sin\theta$ となる。g を重力加速度として，初速 $v\sin\theta$，加速度 $-g$ の等加速度直線運動の変位を 0 とおくと，$vt\sin\theta-(1/2)gt^2=0$ となり，これを解いて $t=0$，$2v\sin\theta/g$ が求まる。後者が打球が落下するまでの時間を表すので，これに水平方向の初速 $v\cos\theta$ を掛けたものが飛行距離である。$((2v\sin\theta)/g)v\cos\theta=(v^2\sin2\theta)/g$ より，2θ が $90°$ になるとき，つまり θ が $45°$ のときが距離最長となる。

〔1.2〕 仮に電化製品が単純な抵抗のようなものだとすると，どこで使っても抵抗値は変わらないと考えられるので，オームの法則により，電圧が 2.2 倍になると流れる電流も 2.2 倍になる。このとき，消費電力は電圧と電流の積なので，2.2 の 2 乗で 4.84 倍となる。このように大きなエネルギーが，例えば，熱に変換されたりすれば火災などの危険が生じうるということがわかるだろう。

　　ただし，現実のさまざまな電化製品の中には，単純な抵抗で置き換えられないものも多いため，実際にヨーロッパで使ってよいかどうかは，取扱い説明書などで確認することが重要である。

2章

〔2.1〕 L 錐体の分光感度特性グラフが短波長の 400 nm 付近で高くなっていることに対応している。L 錐体は赤に対する感度が高く，等色関数の $\bar{x}$ も赤に対応しており，$\bar{x}$ が L 錐体をモデル化したものと考えられる。

〔2.2〕 Adobe RGB がよく知られている。これは sRGB よりも広い色域となっており，Adobe RGB に準拠したディスプレイは高品質で価格も高くなる。さらに印刷の色再現基準の色域として Japan Color 2001 Coated があり，減法混色の CMYK での処理に利用される。

〔2.3〕 表面色の可視光の撮影画像ではなく，人体内部の各点での X 線透過率などの値を計測推定した画像だからである。画素値は RGB のような三つ組ではなく単一のスカラー値となる。そのため黒から白のグレースケールで表示される場合がほとんどである。医用画像の画素値は 12 ビット（4 096 階調）で表現される場合が多く，通常のグレースケール画像（256 階調）よりも精度が高い。

〔2.4〕 略

3章

[3.1] （ヒント）ニアクリッピング面の右上座標は $(r, t, -n)$，右下は $(r, b, -n)$，左下は $(l, b, -n)$ となる。ファークリッピング面の左上，右上，右下，左下はそれぞれ $(fl/n, ft/n, -f)$，$(fr/n, ft/n, -f)$，$(fr/n, fb/n, -f)$，$(fl/n, fb/n, -f)$ である。8頂点の各座標には w 座標として1を追加した同次座標として式（3.1）の $(x, y, z, 1)^T$ に代入する。得られた結果の同次座標 $(x', y', z', z_D)^T$ を3要素の非同次座標に戻せば正規化デバイス座標系の立方体各頂点座標が得られる。

[3.2] 拡散反射，鏡面反射，発光（放射），完全鏡面反射，屈折，散乱，吸収，表面下散乱，回折など。

[3.3] 3次元デジタイザはモデリングが目的である。レンジセンサ（レーザスキャナ）と深度カメラ（Kinnect等）は物体表面色と奥行き（形状）の両方を取得するため，モデリングとレンダリングの両方に利用できる。フォトグラメトリは通常のカメラ画像を使うが，複数画像からの推定計算により奥行きを得るため，やはりモデリングとレンダリングの両方が目的である。BRDF計測装置はレンダリングが目的である。モーションキャプチャはアニメーションが目的である。

[3.4] 略

[3.5] 速度と圧力は3次元ベクトルなので3個ずつ，密度はスカラーなので1個，合計7個のスカラー値が格子一つに必要である。一方，$100 \times 100 \times 100$ 個の格子の格子数は100万個である。したがって700万個の実数データが必要となる。補足として，非圧縮性流体であれば密度変数が定数となり600万となる。一方，直前のタイムステップの物理量も全格子で保持する必要があるため，現実的にはその2倍のデータが必要で，密度が定数となっても1 200万の実数データが必要となる。

[3.6] 各粒子は速度，圧力，密度のほか位置ベクトルのデータを保持するため，粒子1個当たり10個のスカラー値が必要である。$1 000 \times 1 000 \times 200$ 個の粒子の数は2億個であるから，合計20億個の実数データが必要となるのが原則となる。補足として，密度変数やタイムステップについても［3.5］と同様に考えれば数字が変わってくる。この演習は，粒子法のデータ量が格子法に比べて多いことを実感することがねらいである。参考までに，界面から離れた深い場所は粒子数を削減して対処する技術研究も多く行われている。

4章

[4.1] 元の波を表す単振動の式を，$x(t) = A \sin(2\pi ft + \theta)$ とする。逆位相というのは，sin の中の部分が π だけずれているもののことなので，これを $y(t) =$

$A \sin(2\pi ft + \theta + \pi)$ と表す。三角関数の性質により，$y(t) = -A \sin(2\pi ft + \theta)$ と変形できるため，$x(t) + y(t) = 0$ となり，音を消すことができる。

〔**4.2**〕 C の周波数を 1 とすると，その倍音の周波数は 2, 3, 4, … となる。このとき，F の周波数は 4/3 であり，その倍音の周波数は，8＝3, 12＝3, 16＝3, … となる。のうち 12＝3＝4 なので，C の 4 倍音と F の 3 倍音が重なるということになる。

5章

〔**5.1**〕 運動量保存則より
$$v'_{Bx} = (m_A v_{Ax} + m_B v_{Bx} - m_A v'_{Ax})/m_B = 0.8 \, \text{m/s}$$
$$v'_{By} = (m_A v_{Ay} + m_B v_{By} - m_A v'_{Ay})/m_B = 1.3 \, \text{m/s}$$
$$v'_{Bz} = (m_A v_{Az} + m_B v_{Bz} - m_A v'_{Az})/m_B = -1.1 \, \text{m/s}$$
よって
$$\mathbf{v}'_B = \{0.8, 1.3, -1.1\}$$
5.1.3 項の最後の行を参照するとよい。

〔**5.2**〕 （1） CD の形状は円板であり，高さが小さい円筒であると考えればよい。5.4.7 項の（2）を用いて，$I = MR^2/2 = 2.88 \times 10^{-5} \, \text{kg m}^2$ となる。後の計算に使うために有効数字は 1 桁多く書いている。以下も同様。

（2） $\omega = 4.0\pi \, \text{rad/s}$

（3） 式（5.28）を用いて，$L' = I\omega = 3.62 \times 10^{-4} \, \text{Nms}$

（4） 式（5.29）に $\Delta t = 1.8$ と（3）の L' を代入し，$N = L'/\Delta t = 2.01 \times 10^{-4}$ Nm となる。式（5.31）より，$\alpha = N/I = 7.0 \, \text{rad/s}^2$

6章

〔**6.1**〕 $E = mc^2$ に，$E = 6 \times 10^{13}$〔J〕，$c = 3 \times 10^8$〔m/s〕を代入すると，有効数字 1 桁で $m = 7 \times 10^{-4}$〔kg〕となる。グラムに直すと約 0.7 g，1 円玉より少し軽いぐらいである。

〔**6.2**〕 （ヒント）物語の最初に描かれている「未来」と，物語の最後に描かれている「未来」とは，たいてい異なるものになっているはずだが，その違いが物語の中でどのように解釈されているかを考えてみよう。

索　引

―― 著 者 略 歴 ――

大淵　康成（おおぶち　やすなり）
1988 年　東京大学理学部物理学科卒業
1990 年　東京大学大学院理学系研究科修士課程修了（物理学専攻）
1992 年　株式会社日立製作所中央研究所勤務
2002 年　米国カーネギーメロン大学客員研究員（兼務）
〜03 年
2005 年　早稲田大学客員研究員（兼務）
〜10 年
2006 年　博士（情報理工学）（東京大学）
2013 年　クラリオン株式会社勤務（兼務）
〜15 年
2015 年　東京工科大学教授
　　　　　現在に至る

柿本　正憲（かきもと　まさのり）
1982 年　東京大学工学部電子工学科卒業
1982 年　株式会社富士通研究所勤務
1989 年　米国ブリガムヤング大学客員研究員（兼務）
〜90 年
1993 年　株式会社グラフィカ勤務
1993 年　株式会社ノバ・トーカイ勤務
1995 年　日本シリコングラフィックス株式会社勤務
2005 年　東京大学大学院情報理工学系研究科博士課程修了（電子情報学専攻）
　　　　　博士（情報理工学）
2011 年　シリコンスタジオ株式会社勤務
2012 年　東京工科大学教授
　　　　　現在に至る

椿　郁子（つばき　いくこ）
1995 年　東京工業大学理学部物理学科卒業
1997 年　東京工業大学総合理工学研究科修士課程修了（材料科学専攻）
1997 年　昭和電工株式会社勤務
2004 年　東京大学新領域創成科学研究科博士課程修了（基盤情報学専攻）
　　　　　博士（科学）
2007 年　シャープ株式会社勤務
2016 年　東京工科大学准教授
　　　　　現在に至る

メディアのための物理 ── コンテンツ制作に使える理論と実践 ──
Physics for Media Science ── Theory and Practice Usable for Content Creation ──
Ⓒ Obuchi, Kakimoto, Tsubaki 2022

2022 年 4 月 22 日　初版第 1 刷発行 ★

検印省略	著　者	大　淵　康　成
		柿　本　正　憲
		椿　　　郁　子
	発 行 者	株式会社　コ ロ ナ 社
		代 表 者　牛 来 真 也
	印 刷 所	萩 原 印 刷 株 式 会 社
	製 本 所	有限会社　愛 千 製 本 所

112-0011　東京都文京区千石 4-46-10
発 行 所　株式会社　コ ロ ナ 社
CORONA PUBLISHING CO., LTD.
Tokyo Japan
振替 00140-8-14844・電話(03)3941-3131(代)
ホームページ https://www.coronasha.co.jp

ISBN 978-4-339-02798-3　C3355　Printed in Japan　　　（松岡）

音響サイエンスシリーズ

（各巻A5判，欠番は品切です）

■日本音響学会編

定価は本体価格+税です。
定価は変更されることがありますのでご了承下さい。

図書目録進呈◆

メディア学大系
(各巻A5判)

■監修 (五十音順)
相川清明・飯田　仁 (第一期)
相川清明・近藤邦雄 (第二期)
大淵康成・柿本正憲 (第三期)

定価は本体価格+税です。
定価は変更されることがありますのでご了承下さい。

図書目録進呈◆